Martina Lackner

Psychologische Unternehmensführung

Martina Lackner

Psychologische Unternehmensführung

64 handfeste Tipps, Ihr Unternehmen mental zu steuern

Bibliografische Information der Deutschen Bibliothek

Die Deutsche Bibliothek verzeichnet diese Publikation in der Deutschen Nationalbibliografie; detaillierte bibliografische Daten sind im Internet über http://dnb.ddb.de abrufbar.

ISBN 978-3-7093-0140-1

Es wird darauf verwiesen, dass alle Angaben in diesem Fachbuch trotz sorgfältiger Bearbeitung ohne Gewähr erfolgen und eine Haftung der Autorin oder des Verlages ausgeschlossen ist.

Umschlag: AG MEDIA GmbH
© LINDE VERLAG WIEN Ges.m.b.H., Wien 2007
1210 Wien, Scheydgasse 24, Tel.: +43/01/24 630
www.lindeverlag.at

Druck: Hans Jentzsch & Co. GmbH., 1210 Wien, Scheydgasse 31

Dank

Mein besonderer Dank gilt ...

... in erster Linie *Klaus C. Plönzke*, Vorsitzender der Plönzke Holding AG und Mitglied des Präsidiums der IHK Wiesbaden, der das Vorwort für dieses Buch verfasst hat. Er war es, der mir anlässlich eines Vortrages im Dezember 2006 vor dem Starter- und Mittelstandsausschuss der IHK Wiesbaden aufgrund seiner Rückmeldung den ersten Impuls gab, einen Ratgeber für Unternehmer und Geschäftsführer von kleineren und mittleren Betrieben zu schreiben. Ich denke, dass mein fachliches Know-how, das heißt die Verbindung von Psychologie und Wirtschaft, für Entscheidungsträger von Interesse und Bedeutung sein könnte.

... *allen meinen ehemaligen Mitarbeitern*; sie haben mir zu vielen Einsichten verholfen.

... *Doris Manthei*, meiner Freundin und klugen Ratgeberin, welche die Idee zu diesem Buch hatte und mich bei der Entstehung fachlich unterstützt hat.

... *Hanna Kazda*, meiner ehemaligen Trainerin, die so manche Anregung geliefert und mit ihrem Wissen dieses Buch noch abgerundet hat.

... *Martin*, meinem Mann, der an mich glaubt.

... *Iris Mischlau*, unserer Kinderfrau, die es mir durch ihre Zuverlässigkeit ermöglicht hat, meine beruflichen Visionen mit meiner Mutterschaft zu vereinbaren.

Inhalt

I Selbstmanagement

II Mitarbeiterführung

III Umgang mit Kunden

IV Das Resultat: (Finanzieller) Erfolg

Geleitwort von Klaus C. Plönzke

Modernes Management ist ohne ein Minimum psychologischer Herangehensweise undenkbar. Psychologisch fundiertes Management ist der Schlüssel wirtschaftlichen Erfolgs. Wollen Betriebsinhaber und Führungskräfte „glänzen", tun sie gut daran, genau hinzuschauen und hinzuhören, nach Ursachen zu suchen – und auf der Basis des Gesehenen und Gehörten das eigene Verhalten zu überdenken.

Kernsätze der Psychologie erschließen sich dem Leser dieses Buches ebenso wie die Motivation, Verhaltensformen und Einschätzungen der eigenen Person sowie von Mitarbeitern und Kunden.

Wesentliche Inhalte dieses Buches sind zum einen der systemimmanente Unterstützungsbedarf von Entscheidungsträgern klein- und mittelständischer Unternehmen. Dieser erwächst zwangsläufig aus der Alleinstellung des Unternehmers im Betriebsgefüge. Der Unterstützungsbedarf wird jedoch leider aufgrund von Schamgefühlen und Versagensängsten verschleiert und zugedeckt, wodurch Unternehmenskrisen sich so zuspitzen können, dass deren gütliche Abwendung unmöglich wird.

Zum anderen erläutert die Autorin den systemischen Beratungsansatz, der unter anderem besagt, dass durch eine zu hohe emotionale Nähe zu Themen und Personen paradoxerweise eine Lösung in weite Ferne rückt. In der Praxis zeigt sich, dass es vor allem bei Unternehmenskrisen zu einem erhöhten Arbeitspensum der Entscheidungsträger kommt, um eine subjektiv als unangenehm erlebte und objektiv an Zahlen messbare Situation zu kontrollieren.

Aus dieser Tatsache heraus ergibt sich jedoch kein Mehr an Handlungsalternativen, um die Verhältnisse zu ändern. Veränderungen basieren auf kreativen Ideen, die sich oft erst mit einigem Abstand zu den Problemen einstellen, und auf Zeit, der Entwicklung von Neuem Raum zu geben.

Dies und der ausgewogene Dreiklang Selbstführung – Mitarbeiterführung – Kundenführung entscheiden über den unternehmerischen Erfolg. Und damit letztlich über das Wohl und Wehe aller Kundenbeziehungen sowie der Arbeitsplätze, die von der jeweiligen Führungskraft gesichert werden.

Auch auf der Grundlage meiner eigenen Erfahrung im Bereich mittelständischer Unternehmensführung entdecke ich in diesem Buch eine Gewissheit – nämlich die, dass betriebliche Abläufe gerade da harmonieren, wo Chef und Mitarbeiter im Sinne der Kunden und eines hohen Qualitätsstandards gut zusammenarbeiten, und dass Reibungsverluste in der Regel dort entstehen, wo Defizite im Beziehungsgeschehen und der Kommunikation der agierenden Personen auftreten.

Stimme ich auch nicht in allen Beobachtungen mit der Autorin überein, so begrüße ich doch den zugrunde liegenden Ansatz, mehr Klarheit und Wahrheit in den betrieblichen Alltag zu bringen.

Klaus C. Plönzke, Vorstandsvorsitzender der Plönzke Holding AG, Mitglied des Präsidiums der IHK Wiesbaden und Vorsitzender des Starter- und Mittelstandsausschusses der IHK Wiesbaden

Vorwort

Liebe Leserin, lieber Leser!

Mit dieser Lektüre erwartet Sie ein psychologisches Praxishandbuch zur Unternehmensführung mit konkreten Interventionsmöglichkeiten aus dem Coachingbereich. Geschrieben habe ich dieses Buch hauptsächlich für Unternehmer, Geschäftsführer und leitende Angestellte von klein- und mittelständischen Betrieben, die über ihr bereits vorhandenes Fachwissen hinaus neue Impulse zur Unternehmensführung gewinnen wollen. Aber auch Freiberufler und Selbstständige, die auf ihrem Weg in eine dauerhafte Unabhängigkeit die etwas andere Art der Unterstützung suchen, werden von den vorliegenden Methoden und Konzepten profitieren. Des Weiteren eignet sich das Werk auch für Unternehmensberater, die außer dem fachlichen Aspekt der Beratung die emotionale Komponente ihrer Kunden mehr in den Blickwinkel ihres Betätigungsfeldes rücken wollen. Last but not least wird es auch Mitarbeitern, die erfahren wollen, welche anderen Möglichkeiten der Mitarbeiterführung und des Kundenumgangs es noch gibt als die, die sie aus der Realität bereits kennen, wertvolle Einblicke vermitteln!

Dieses Buch ist aus einer eigenen Betroffenheit heraus entstanden: einer insgesamt zehnjährigen Führungserfahrung in Österreich und Deutschland, immer begleitet von der Frage: Was soll ich tun – und vor allem, wie soll ich es tun, damit xy eintritt? Ich habe mir diese Frage im Laufe meiner Berufsjahre durch die tägliche Erfahrung der Konsequenzen aus einer von Versuch und Irrtum geleiteten Arbeitsweise sowie durch die Inanspruchnahme von Unterstützungsleistungen von Kollegen und auch Mitarbeitern beantwortet.

Wie habe ich das erreicht?

Rückblickend (und so habe ich dieses Buch auch aufgebaut) musste ich zur Erkenntnis kommen, dass ein gutes Selbstmanagement des Chefs die Basis einer guten und erfolgreichen Unternehmensführung bildet. Korrekte Verhaltensweisen von Entscheidungsträgern, vor allem im Umgang mit der eigenen Führungsrolle, aber auch mit Mitarbeitern und Kunden bringen, wenn sie richtig eingesetzt werden, mehr Erfolg – wie immer dieser auch definiert werden mag – als der reine betriebswirtschaftliche Blick auf Gewinn- und Verlustzahlen. Psychologisches Know-how sowohl in Bezug auf die Analyse von Problemsituationen als auch als Instrumentarium zur Problembehebung hat mir in meinem eigenen Führungsverhalten weitergeholfen und soll nun auch Ihnen einen Weg aus vielen Unternehmerfallen weisen. Mit diesem Ratgeber möchte ich Ihnen eine Möglichkeit der Selbsthilfe eröffnen, eine

Art psychologischen Leitfaden, der den Menschen – Unternehmer, Mitarbeiter, Kunde – in den Mittelpunkt der Aufmerksamkeit stellt und durch kleine Interventionen das System Unternehmen so in Bewegung bringt, dass Sie Ihre Zielvorstellungen dadurch leichter erreichen können.

Es liegt nun an Ihnen, das für sich zu sortieren, was Sie behalten wollen, wegzulassen, was Sie nicht gebrauchen können, und gedanklich anzunehmen, was Sie inspiriert hat.

Viel Freude und Erfolg beim Ausprobieren!

Eltville am Rhein, im Jänner 2007 *Martina Lackner*

I Selbstmanagement

Was hat das Selbstmanagement einer Führungsperson mit dem Unternehmenserfolg insgesamt beziehungsweise konkret mit der Leitung von klein- und mittelständischen Betrieben zu tun?

Der Begriff „Selbstmanagement" beschreibt in erster Linie den Umgang des Menschen mit seiner eigenen Persönlichkeit. Das beinhaltet den Einsatz adäquater Verhaltensweisen: die Fähigkeit, sowohl Nähe als auch Distanz zu seinen Mitmenschen aufzubauen und Beziehungen zu beginnen, zu gestalten und auch aufrechtzuerhalten. Dies sollte immer auf der Basis einer eigenständigen, von der Umwelt emotional weitgehend unabhängigen Persönlichkeitsstruktur geschehen.

Im Gegensatz dazu bewertet man Verhaltensweisen bei Menschen als eigenartig oder komisch, wenn deren Handeln stets an der Meinung anderer orientiert und somit fremdbestimmt ist. Solche „verzerrten" Verhaltensweisen entstehen im Laufe unserer Sozialisation – vor allem in frühester Kindheit – und treten später im Erwachsenenleben sowohl im beruflichen als auch privaten Kontext in unterschiedlichen Ausprägungen wieder zutage. Der Ursprung solchen Verhaltens wird in einem „gestörten", das heißt geringem Selbstwertgefühl und einem damit verbundenen schlechten Selbstbewusstsein gesehen. Der Mangel an Selbstwertgefühl und Selbstbewusstsein veranlasst die Betroffenen zu Verhaltensweisen, die gerade im beruflichen Kontext erfolgreiches Handeln hemmen können. Konkret reichen diese Verhaltensmuster von der emotionalen Abhängigkeit von einem Arbeitgeber aus Angst vor der Kündigung und dem damit verbundenen Verlust von Sicherheit bis hin zu massivem Konfliktverhalten von Mitarbeitern, die versuchen, wenigstens durch negatives Image Aufsehen zu erregen und sich so die Beachtung des Arbeitgebers zu verschaffen.

Dieses Buch geht von Menschen aus, die ihre beruflichen Beziehungen mit dem Hauptaspekt der Fremdsteuerung und nicht der Selbstführung gestalten. Wechselseitige emotionale Abhängigkeiten sowohl auf Arbeitgeberseite als auch auf Arbeitnehmerseite bestimmen den beruflichen Alltag oftmals auf einer unbewussten Ebene; sie sind für andere rational nicht greifbar, geschweige denn nachvollziehbar, haben aber schwerwiegende Folgen für das gesamte Unternehmen. Fremdbestimmte Persönlichkeiten streben grundsätzlich nach der Erfüllung ihrer heimlichen Sehnsucht nach Wertschätzung und Respekt. Diese Sehnsucht wurde in der Kindheit nicht gestillt und beeinflusst das Sein und Handeln auch später maßgeblich. Das Produkt ihres geheimen Wollens ist aber nicht – wie eigentlich gewünscht – deren Erfüllung, sondern ein Szenario, das sie noch tiefer mit diesen unerfüllten

Sehnsüchten konfrontiert. Die emotionale Abhängigkeit wird vielmehr noch verstärkt und der Grad der Fremdbestimmtheit noch erhöht!

Was also tun? Das ist hier die Gretchenfrage. Wenn das eigentliche Ziel eine Verbesserung des Selbstwertgefühls beinhaltet und damit ein größeres Maß an Selbstbestimmtheit und Selbstführung ermöglicht, ist anzuraten, den Blick vom Gegenüber abzuwenden und eine Innenschau vorzunehmen. Die emotionale Fixierung auf einen Menschen oder auf ein bestimmtes Thema wird durch diese Distanz und einen veränderten Blick (vom Du zum Ich) aufgehoben. Die folgenden Kapitel werden dabei nicht nur durch konkrete Praxisanleitungen, sondern auch durch Fragen zur Selbstexploration eine Hilfestellung geben.

Nicht die reine Fixierung auf Gewinn und Verlust ist es, die Ihnen als Unternehmer und Entscheidungsträger zur Entwicklung und zum Erfolg verhilft, sondern gerade die Distanz dazu und die Hinwendung zum eigenen Ich bringen oftmals die Lösung. Die psychologische Analyse und die angebotenen Interventionsmöglichkeiten, die teilweise aus der systemischen Therapie stammen, sollen ein Hilfskonstrukt für Sie darstellen, um Zusammenhänge besser erklären, verstehen und dadurch umsetzen zu können. Fühlen Sie sich bei dieser Lektüre nicht wie auf der Couch des Therapeuten, sondern wie Buddha im Angesicht der Erkenntnis, dass alles mit allem zusammenhängt.

1 Auf der Suche nach Visionen – Sie brauchen Impulse!

Wenn Sie ein Unternehmen aufbauen, eine neue Produktpalette einführen oder einfach nur auf der Suche nach innovativen Ideen sind, brauchen Sie Visionen. Sie brauchen ein sinnvolles Bild von der Zukunft, das Sie selbst und das gesamte Unternehmen begeistert und die eigenen Unternehmenswerte nicht infrage stellt. Sie brauchen etwas, das Ihre gedanklichen Grenzen sprengt sowie Wachstum und Entwicklung erfordert. Damit sind Sie aufgerufen, über sich selbst hinauszuwachsen.

Diese oder ähnliche Aussagen finden Sie in jeder betriebswirtschaftlichen Literatur; sie klingen einfach und leicht umzusetzen, zumal jeder von uns Visionen besitzt. In der Realität handelt es sich jedoch um eine der schwierigsten und problematischsten Aufgaben, mit der ein Unternehmer im Laufe seines Lebens konfrontiert wird: Der Markt ist gesättigt; kaum ein Haushalt, in dem es nicht mindestens zwei Autos, zwei Fernseher und einen PC gibt; direkte Beratungsleistungen werden vielfach überflüssig, da man via Internet so gut wie alle Informationen und Hilfestellungen kostengünstiger bekommt, und Güter des täglichen Gebrauchs werden in Asien und Osteuropa zum Schleuderpreis hergestellt. Also stellt sich die Frage:

Wie muss sich Ihr Unternehmen entwickeln und verändern, damit es konkurrenzfähig bleibt?

Zukunftsvisionen entstehen durch Impulse und Eindrücke aus Ihrer Umwelt. Auf einen Impuls folgt der nächste, der auf den ersten aufbaut und diesen erweitert – und so weiter. Irgendwann haben Sie ein Bild, eine Vorstellung, die Sie so fasziniert, dass Sie anfangen, sie anderen mitzuteilen. Sie bitten um Rückmeldung; das Bild wird erweitert und korrigiert; aus einem Bild entsteht plötzlich ein anderes, neues Bild. Irgendwann beginnen Sie mit der Umsetzung und lassen die Vision Realität werden.

Meine Empfehlung

Nehmen Sie alle Impulse der Außenwelt auf! Seien Sie neugierig auf die Welt und auf die Menschen, denen Sie begegnen. Erlauben Sie sich, Ihrem Interesse für eine Person, ein Produkt, eine Dienstleistung … nachzugehen. Entwickeln Sie eine Vorstellung dessen, was Sie emotional in den Bann zieht. Und entdecken Sie die Fallen und Hindernisse, die Ihnen das Finden von Visionen erschweren und Sie in altbekannten Fahrwassern verharren lassen.

---

1. Psychologischer Background

Ideen und Visionen aus sich selbst heraus zu generieren ist eine schwierige Angelegenheit, denn unser Geist nährt sich durch das, was wir bewusst oder unbewusst wahrgenommen haben, das heißt, was wir gesehen, gehört, erspürt, gerochen oder gefühlt haben. Wir brauchen ein menschliches Gegenüber und eine Umgebung, durch die unser Verstand entweder direkt oder indirekt angeregt wird und die uns in emotionale Schwingung versetzt. Die Entscheidung für die Umsetzung einer konkreten Vision treffen wir also nicht nur rational, nach erfolgter Überprüfung von Markt, Chancen und Ressourcen etc., sondern wir treffen sie vor allem emotional: Irgendetwas versetzt uns in Hochstimmung, beschleunigt unseren Puls und lässt uns auch im Schlaf nicht mehr los: Wir wollen unseren Traum verwirklichen!

2. Anleitung für die Praxis

Da man Visionen nicht verordnen kann, erhalten Sie an dieser Stelle statt konkreter Vorschläge, wie Sie zu einer „Eingebung" kommen, Anregungen, wie Sie Ihren Blickwinkel erweitern:

▶▶ Neues kann erst entstehen, wenn Sie bereit sind, Altes und Überholtes loszulassen. Überlegen Sie also: Was müssen Sie loslassen?

▶▶ Visionen brauchen Impulse, die Sie überall bekommen können: von Menschen, aus den Medien, im Wald, beim Joggen … Fangen Sie an zu fragen, zu sehen, zu hören, zu spüren, zu riechen und zu fühlen.

▶▶ Gedanken wie „Dieses oder jenes geht nicht, weil Bürokratie und Gesetze das verhindern, die Steuern zu hoch sind und die Personalkosten explodieren" sind „visionstötend". Ihre Einstellung muss sein: „Alles ist machbar"! Visionen müssen aus der Hoffnung heraus entstehen und nicht aus Furcht oder Angst.

▶▶ Visionen brauchen Feuer und Energie, um lebendig zu werden. Beginnen Sie Ihr Zukunftsbild erst dann zu bauen, wenn Sie aus ganzem Herzen und mit Leidenschaft dabei sind. Sonst könnte Ihnen bei der Umsetzung die Kraft ausgehen.

▶▶ Fügen Sie auch scheinbar völlig Unzusammenhängendes zu einem Bild zusammen. So könnte Sie beispielsweise die Farbe von Herbstlaub zu einer Neugestaltung Ihrer Produktverpackung inspirieren.

▶▶ Sie brauchen Geduld – nicht nur, um Ihre Visionen in die Realität umzusetzen, sondern auch, um der Gesellschaft beziehungsweise den Kunden Zeit zu geben, sich mit Ihnen mitzuentwickeln. Neues, Unbekanntes und manchmal auf den ersten Blick Verrücktes muss erst akzeptiert werden.

▶▶ Schielen Sie nicht nur in Nachbars Garten. Eine permanente Auseinandersetzung mit der Konkurrenz, die bessere Ideen hat als Sie, kostet Energie, verursacht Stress und führt zu nichts! Bleiben Sie gedanklich immer bei sich und Ihrem Unternehmen und gehen Sie Ihren eigenen Weg.

3. Wichtig!

Die emotionale Bindung an Menschen, Institutionen, Gegenstände und die Verhaftung an „alten" Werten, Normen und Ideologien hindern uns daran, uns der eigenen Kreativität hinzugeben. Wir sind dadurch nicht wirklich frei für die Entwicklung von Neuem!

2 Unternehmensführung im Alleingang? – Suchen Sie sich Gleichgesinnte und Experten

Sie wünschen sich jemanden an Ihrer Seite, der weiß, was gerade in der momentanen Situation zu tun ist? Sie fühlen sich zwar kompetent, stehen aber mit vielen offenen Fragen allein und wären dankbar für einen einfachen Tipp beziehungsweise väterlichen Ratschlag? Jemand, der zum Beispiel bereits Erfahrung in arbeitsrechtlichen Angelegenheiten hat oder der Ihnen ein Unternehmen empfehlen kann, das Ihre Flyer günstig und doch qualitativ gut druckt, wäre jetzt hilfreich? Sie wissen, manches Mal hat sogar einer Ihrer Mitarbeiter gute Ideen, aber Sie wollen sich nicht die „Blöße" geben und Ihre Mitarbeiter um Rat bitten. Schließlich sind Sie ja der Chef!

Ein Unternehmen aufzubauen und dann zu führen erfordert Ihrerseits nicht nur fachliches Know-how, Stehvermögen und einen starken Willen zum Erfolg. Als Arbeitgeber werden Sie auch mit der Tatsache des Alleinseins beziehungsweise des „Alleinentscheidens" konfrontiert und die Herausforderungen sind oft so vielseitig, dass Sie „Allround-Experte" sein müssten. Besonders die Führung eines Kleinbetriebs verlangt vom Chef gleichzeitig betriebswirtschaftliche, arbeitsrechtliche, steuerrechtliche und marketingstrategische Kenntnisse. So mancher Chef fühlt sich angesichts dieser vielfältigen Anforderungen überlastet.

Neben der Fülle von wichtigen Kompetenzen erfordert die Führung eines Unternehmens auch die Fähigkeit, allein Verantwortung zu tragen und Entscheidungen zu treffen. Dabei werden Sie selbst immer wieder an die Grenzen Ihrer physischen und psychischen Kräfte gelangen. Wenn Ihre Energien jedoch schwinden und Sie mit halber Antriebskraft versuchen, Ihr Schiff auf Kurs zu halten, kann sich dies sehr schnell negativ auf den Unternehmenserfolg auswirken.

Meine Empfehlung

Suchen Sie sich den Rat eines Experten bei fachlichen Fragestellungen, selbst wenn Sie denken, Sie wüssten bereits alles. Für einen dauerhaften Unternehmenserfolg benötigen Sie sämtliche Informationen, die Sie bekommen können.

Im Sinne einer guten Psychohygiene ist es zudem ratsam, sich gleichgesinnte Unternehmer zu suchen, mit denen Sie in regelmäßigem Austausch stehen und von denen Sie auch zwischenmenschliche Unterstützung bekommen können.

1. Psychologischer Background

Viele Menschen, gerade in Führungspositionen, bevorzugen es, ihre alltäglichen Aufgaben allein umzusetzen und zu bewältigen. Das vermittelt ihnen ein Gefühl der Stärke und Unabhängigkeit. Trotzdem tut jeder gut daran, sich im Sinne einer guten Psychohygiene Unterstützung zu holen. Manche empfinden dies als Manko, weil sie gelernt haben, dass man, will man erfolgreich sein, das Leben allein zu meistern hat. Sonst gilt man vor sich selbst und vor anderen als Versager. Sie argumentieren, es sei besser, sich anderen nicht auszuliefern und dadurch verletzbar und angreifbar zu machen. Außerdem sei es nicht angebracht, im Zeitalter von Jugend, Schönheit und spätem Altern Schwächen zu zeigen, denn das Leben wird begriffen als etwas, das man reparieren, operieren und trainieren kann: Alles ist machbar, nichts ist unabänderlich! Also verschweigt man das Bedürfnis nach Unterstützung und hilft damit dem eigenen Umfeld nur bedingt und sich selbst gar nicht.

2. Anleitung für die Praxis

Ein Unternehmen allein zu leiten kann aber bedeuten, mit Gefühlen der Überforderung konfrontiert zu werden. Es wird Ihnen leichter fallen, alle Energien weiter auf Ihr Unternehmen zu konzentrieren, wenn Sie diese Gefühle ernst nehmen. Folgende Vorgehensweisen können Ihnen dabei helfen:

▸▸ Machen Sie sich bewusst: Gefühle der Überforderung haben in erster Linie nichts mit Ihrer Person und Ihren Fähigkeiten zu tun, sondern mit der Tatsache, dass die Führung eines Unternehmens per se eine Überforderung für eine einzelne Person darstellt. Die Inanspruchnahme von Beratung oder ein informeller Austausch sind daher kein Zeichen von Schwäche, sondern die logische und kluge Konsequenz eines „systemimmanenten Problems".

▸▸ Achten Sie bei der Einstellung von Mitarbeitern darauf, dass diese das Know-how mitbringen, das Ihnen fehlt. Viele Mitarbeiter besitzen Doppelqualifikationen!

▸▸ Nutzen Sie das Wissen Ihrer Mitarbeiter, aber machen Sie sie dadurch nicht zu zweiten oder dritten Chefs. Der Chef bleiben Sie!

▸▸ Haben Sie Experten oder auch Unternehmer gefunden, von denen Sie sich gut beraten fühlen und zu denen Sie Vertrauen haben? Pflegen Sie diese Kontakte regelmäßig formell und auch informell.

▸▸ Nutzen Sie auf der Suche nach Netzwerken Angebote von Institutionen, deren eigentliche Aufgabe darin besteht, Unternehmer zu unterstützen, zum Beispiel Industrie- und Handelskammern, Handwerkskammern usw.

▸▸ Gönnen Sie sich selbst Aus-, Fort- und Weiterbildungen. Sie lernen dort Menschen kennen, die sich möglicherweise in einer ähnlichen Situation befinden wie Sie selbst.

3. Wichtig!

Die Bedürfnisse von Menschen können nur befriedigt werden, wenn sie auch offen ausgesprochen werden. Dies erfordert Mut und manches Mal geht man dabei leer aus, wird nicht verstanden und eventuell abgelehnt oder abgewertet. Die Wahrscheinlichkeit aber, dass man doch das bekommt, was man braucht, ist trotz dieser Risiken sehr hoch. Haben Sie Mut!

3 Psychohygiene – Suchen Sie sich Unterstützung im Unternehmen

Diese Situation kennen Sie nur allzu gut: Sie fühlen sich gestresst, bräuchten einfach nur ein paar aufmunternde Worte, eine Tasse guten Kaffee und ein nettes Lächeln. Gerade hatten Sie eine größere Auseinandersetzung mit Ihren Mitarbeitern; Ihr Abteilungsleiter, den Sie für fachlich kompetent halten, verbreitet schlechte Stimmung im Unternehmen, und dann ist auch noch ein schon als abgeschlossen gegoltener Vertrag geplatzt. Sie haben gerade einen vermeintlichen Neukunden verloren.

Ihr Lebenspartner, den Sie in diesem Moment möglicherweise anrufen könnten, hat keine Ahnung von Ihrem Berufsalltag und auch sonst ist da niemand, der sich Ihre Sorgen und Nöte anhören würde. Sie verlassen darum allabendlich die Firma mit dem Gefühl, Sie stehen „mutterseelenallein" da und niemand will Sie verstehen.

Letztendlich leiden Sie darunter, dass der gesamte Berufsalltag auf Ihnen allein lastet und Ihre Position als Arbeitgeber es nicht zulässt, auch einmal über Ihre persönliche Situation zu sprechen. Es mangelt Ihnen an der Möglichkeit einer psychischen „Katharsis"[1] (= Reinigung), das bedeutet, Gefühle anzusprechen, Dampf abzulassen und kurzfristig die Kontrolle aufzugeben. Solche Gespräche verfolgen kein Ziel und beinhalten keinen lösungsorientierten Ansatz. Sie ermöglichen es lediglich, dass Sie durch das Ansprechen von Problemen oder Belastungen kurzfristig Erleichterung empfinden und von Ihrem Gegenüber, ohne dies beabsichtigt zu haben, emotionale oder/und fachliche Unterstützung erfahren.

Jeder braucht emotionale Unterstützung im Alltag – auch wenn dies vor allem viele Männer nicht zugeben wollen oder können –, um wieder Energie für den nächsten Tag zu gewinnen. Ihr Berufsalltag strengt Sie an und im Normalfall sind Sie als Chef eines Klein- oder Mittelbetriebs alleiniger Entscheidungsträger, was bedeutet, dass Sie niemanden an Ihrer Seite haben, mit dem Sie regelmäßigen und offenen Austausch im Hinblick auf Ihr Unternehmen pflegen können. Finden Sie daher eine Person Ihres Vertrauens, die Ihnen gegenüber stets loyal auftritt und mit „Empathie"[2] ausgestattet ist. Wenn diese auch noch Fachkompetenz mitbringt, haben Sie einen Volltreffer gelandet.

Meine Empfehlung

Suchen Sie sich eine loyale und zuverlässige Assistentin, welche die Fähigkeit besitzt zuzuhören und Ihnen Respekt erweist. Assistentinnen stehen etwas außerhalb der Hierarchie zwischen Arbeitgeber und Mitarbeitern, da sie Tür an Tür mit ihren Chefs arbeiten. Durch diese räumliche Nähe entsteht oftmals automatisch auch eine emotionale Nähe: Ihre Assistentin hat außer Ihnen nicht nur die meisten Informationen, sie kennt Sie auch am besten. Dringend anzuraten ist jedoch aufgrund dieser emotionalen Nähe eine Abgrenzung in Bezug auf Privates und außerbetriebliche Angelegenheiten.

1. Psychologischer Background

Von Zeit zu Zeit wünscht sich wahrscheinlich jeder Mensch, einfach ungefiltert und ohne zu überlegen aus seinem „tiefsten Innersten" heraus sprechen zu können. Im Normalfall kann man sich im familiären Umfeld fallen lassen, weil dort ein Gefühl der Geborgenheit und Sicherheit herrscht. In der beruflichen Umgebung fällt uns dies schon erheblich schwerer; nur wenigen kann man hier wirklich vertrauen, überall könnten „Haifische" lauern.

Das bedeutet nichts anderes, als dass die Arbeitswelt und vor allem der Status des Arbeitgebers verbunden sind mit Risiken, die in direktem Zusammenhang mit Missgunst, Eifersucht, Konkurrenzkampf, zweifelhaftem Wettbewerb, Machtkämpfen etc. stehen. Umso wichtiger erscheint es, dass Sie innerhalb des Unternehmens eine Oase finden, in der Sie sich sicher fühlen, kurzfristig die Kontrolle über Ihre Gedanken und Gefühle aufgeben können und in der Sie so wahrgenommen werden, wie Sie sind – ohne beständig Angst vor den Konsequenzen haben zu müssen!

2. Anleitung für die Praxis

Denken Sie niemals, Sie dürften im beruflichen Alltag keine wahren Gefühle zeigen. Das stimmt so nicht. Allerdings müssen Sie wissen, wann und bei wem Sie sich dies erlauben dürfen! Beachten Sie deshalb bei der Suche nach einem geeigneten Gegenüber im Unternehmen folgende Punkte:

▸ Suchen Sie sich niemals Vertraute aus dem Kreis Ihrer Mitarbeiter (mit der bereits beschriebenen Ausnahme). Vorgesetzter und gleichzeitig Vertrauter zu sein schließt sich aus!

▸ Achten Sie auf der gleichen Hierarchieebene auf Gefühle wie Neid und Missgunst. In einem solchen Klima wäre es vollkommen fehl am Platz, Offenheit in Bezug auf Ihr Gefühlsleben zu zeigen. Es hätte gravierende Konsequenzen und Sie würden sich dadurch angreifbarer machen, als es in Ihrer Position förderlich ist!

▸ Wie schon beschrieben, stehen Chef-Assistentinnen durch die räumliche Nähe zum Vorgesetzten etwas außerhalb der Hierarchie. Fragen Sie sich, ob Ihnen die Nähe des Menschen vor Ihrer Bürotür angenehm ist! Ihre Assistentin ist Ihnen nicht nur nahe, sie beschützt und bewacht Sie, indem sie nicht jedem Zutritt zu Ihrem Büro gewährt.

▸ Überlegen Sie, welche Kriterien die Person Ihres Vertrauens erfüllen muss. Halten Sie Ausschau nach einem solchen Menschen. Vielleicht haben Sie ihn sogar schon gefunden, aber das noch nicht erkannt.

▸ Richten Sie Ihren Blick auch außerhalb des Unternehmens auf vertrauenswürdige Menschen, denn alles kann und soll Ihre Assistentin auch nicht mitbekommen oder mittragen.

3. Wichtig!

Eine gute Assistentin unterstützt ihren Chef nicht nur, sie versteht ihn auch und bleibt ihm selbst in schwierigen Zeiten treu.

4 Umgang mit der eigenen Führungsrolle – Wie werde ich Chef?

Möglicherweise fragen Sie sich, was diese Überschrift soll. Sie sind ja bereits Chef eines Unternehmens, haben eine bestimmte Anzahl von Mitarbeitern und bestimmen selbst, welche Unternehmensziele Sie verfolgen wollen. Und dennoch beschleicht Sie manchmal das Gefühl, dass Ihre Mitarbeiter zu wenig oder zu langsam arbeiten, zu viele Rauchpausen machen und Aufgaben nur nach Rückfragen erledigen. Ihre Assistentin telefoniert gern und lang mit einer Freundin. Ihr Betriebsleiter versucht allzu oft, seine Abendessen als Geschäftsessen zu verrechnen. Sie fühlen sich nicht ernst genommen und ärgern sich – nicht, wie man vermuten könnte, über Ihre Mitarbeiter, sondern darüber, dass Sie nicht in der Lage sind, mit Ihren Mitarbeitern „Klartext" zu sprechen.

Aufgrund Ihrer Funktion als Chef besitzen Sie zwar Macht und Autorität, üben diese jedoch in Ihrem konkreten Berufsalltag nicht aus. Möglicherweise haben Sie diesen Menschen gegenüber eine „Beißhemmung oder Aggressionshemmung"[3]:

▸ *Aggressionen, die Sie anlässlich bestimmter Situationen haben müssten,* sind entweder gar nicht oder nur in sehr abgeschwächter Form vorhanden.
Es stört Sie nur irgendetwas am Verhalten von Frau X.
(Wo sind Ihre Aggressionen geblieben?)

▸ *Sie empfinden eher Mutlosigkeit,* weil Sie denken, dass Sie ja sowieso nichts ändern können, da zum Beispiel eine Kündigung des Mitarbeiters aufgrund des guten Kündigungsschutzes nicht möglich ist.
(Was bringt Sie so in diese Erstarrung?)

▸ *Sie suchen sogar die Verantwortung für eine bestimmte Situation bei sich selbst,* denn würden Sie nur besser kommunizieren können, würden Ihre Mitarbeiter besser verstehen, was sie zu erledigen haben.
(Wieso gehen Sie davon aus, dass Sie an allem schuld sind?)

In dieser Situation brauchen Sie klare und präzise formulierte Aufgabenstellungen und Erwartungen, zum Beispiel in Form von Zielvereinbarungsgesprächen, Mitarbeitergesprächen, Meetings und dergleichen, damit Sie von Ihren Mitarbeitern mit Respekt behandelt werden. Denn nur Mitarbeiter, die aktiv geführt werden, können eine bestimmte Leistung erbringen oder bestimmte Verhaltensweisen annehmen beziehungsweise abstellen. Dies verlangt jedoch eine Art der Kommunikation, die sich auf den Ebenen Zuhören (*Was will man mir mitteilen?*), Feedback (*Was bedeutet das und welche Konsequenzen hat dies in fachlicher und emotionaler Hinsicht?*) und Sich-Austauschen (*Wir treten über ein gemeinsames Thema in eine längerfristige Beziehung*) abspielt. Den Ärger zu zeigen bedarf vor allem der Fähigkeit und Übung, seine eigenen negativen Gefühle zu erkennen und diese dann adäquat zu äußern. Dies erfordert Mut und Geduld, vor allem im Umgang mit „schwierigen Mitarbeitern", und die Entwicklung dieser Fähigkeit stellt einen längerfristigen Prozess dar.

Meine Empfehlung

Als Chef müssen Sie klar ausdrücken, was Sie im Hinblick auf einen reibungslosen Arbeitsablauf und die Erreichung der Unternehmensziele an der Arbeit und dem Auftreten Ihrer Mitarbeiter schätzen und was Sie stört. Erst dann kommen Sie Ihrer Führungsverantwortung wirklich nach. Dies bedeutet, dass Sie mit Ihren Mitarbeitern in Kontakt treten, indem Sie beobachten und zuhören, was man Ihnen sagen will, Feedback geben und die Wirkung dessen, was Sie ausgelöst haben, abwarten, um dann wieder rückzumelden.

1. Psychologischer Background

Führung verlangt vom Führenden die Fähigkeit, sich auf der Kommunikationsebene auf sein Gegenüber einzulassen. Dieser Prozess verläuft immer identisch: zuhören, das Gesagte auf sich wirken lassen, die fachliche Meinung oder auch Gefühle zum Ausdruck bringen und dadurch beim Gegenüber eine Reaktion auslösen, die im beruflichen Kontext entweder zur Erfüllung von Aufgaben oder zu einer Änderung des Verhaltens führt. Solche Führung bedeutet weder nur Zuhören noch nur Monologe zu halten. Sie zeigt sich vielmehr darin, mit dem Gegenüber im verbalen Austausch zu stehen, in Beziehung zu treten, Feedback zu geben und Gehörtes und Beobachtetes rückzumelden – mit dem Ziel, voneinander zu lernen im Dienst des Unternehmens.

2. Anleitung für die Praxis

In der Praxis fällt es Entscheidungsträgern meist relativ leicht, zu formulieren, welche Erwartungen sie an einen Mitarbeiter haben. Die Rückmeldung negativer Zustände oder Verhaltensweisen gestaltet sich dagegen deutlich schwieriger, schließlich sollte sie zur Veränderung des angemahnten Zustands führen. Hier deshalb beispielhaft ein Vorschlag für eine solche Art der Kommunikation:

▸▸ Überlegen Sie zuerst,

▸ was Sie bei Frau X im beruflichen Kontext stört,

▸ was Sie bisher davon abgehalten hat, dieses anzusprechen,

▸ welches das schlimmste Szenario wäre, das eintreten könnte, wenn Sie das Problem ansprechen würden,

▸ was Sie sagen und in welchem Rahmen Sie es tun werden.

▸▸ Machen Sie sich Notizen, wenn Sie das Gefühl haben, Sie brauchen eine Gedankenstütze!

▸▸ Beginnen Sie das Gespräch mit einer Situationsbeschreibung. Lassen Sie hier unbedingt auch einfließen, was Frau X bisher Positives geleistet hat!

▸▸ Formulieren Sie dann relativ schnell und klar das verbesserungswürdige Verhalten, das Sie mit dem Gespräch verändern wollen. Bleiben Sie dabei höflich, freundlich, respektvoll und wertschätzend!

▸▸ Fragen Sie nach, wie Ihre Aussage bei der Mitarbeiterin ankommt, was sie davon hält, ob sie eine ähnliche oder andere Einschätzung der Situation hat und so weiter.

▸▸ Warten Sie auf eine Rückmeldung und hören Sie nur zu!

▸▸ Ihr Stresspegel könnte sich erhöhen, wenn die Mitarbeiterin Ihre Ansicht nicht teilen kann oder Sie deren Argumente nicht nachvollziehen können und auf Ihrer Position bestehen müssen. Hier gilt es – abhängig von der Wichtigkeit beziehungsweise Bedeutung des Themas –, auf einen Kompromiss hinzuarbeiten (mit dem Sie leben können) oder (wenn die Mitarbeiterin nicht kompromissbereit ist) eine klare Forderungshaltung einzunehmen. Im letzteren Fall müssen Sie mit Widerstand und offenen oder versteckten Aggressionen rechnen! Anforderungen ohne Kompromisse bringen Sie durch klare Sätze zum Ausdruck, wie zum Beispiel:

▸ Ich erwarte von Ihnen, dass Sie ..., auch wenn Sie es anders sehen ..., weil ...

▸ Ich möchte, dass Sie ..., obwohl ich verstehe, dass Sie eine andere Meinung dazu haben ...

▸▸ Im günstigsten Fall ist die Mitarbeiterin völlig Ihrer Ansicht oder kann sich in Ihre Position hineindenken und Sie erarbeiten gemeinsam eine Lösung.

➤➤ Stellen Sie an Ihr Gegenüber Fragen, um Lösungen zu finden:

 ▸ Was könnten Sie dazu beitragen, dass …?

 ▸ Was brauchen Sie, damit Sie …?

 ▸ Was brauchen Sie von mir als Arbeitgeber, damit Sie …?

➤➤ Setzen Sie einen Termin, bis wann eine Veränderung des angemahnten Zustandes einzutreten hat, und vereinbaren Sie dann auch ein weiteres Gespräch.

3. Formulierungshilfe für die Praxis

Ich empfehle Ihnen, dass Sie sich einige Standardsätze erarbeiten, die Ihnen besonders in Kritikgesprächen Halt geben. Dies könnten zum Beispiel Sätze sein wie:

➤➤ Ich habe schon seit ein paar Wochen beobachtet, dass Sie viele Rauchpausen machen. Mehr als Ihre eigentliche Dienstzeit vorsieht …

➤➤ Habe ich das richtig beobachtet?

➤➤ Wie sehen Sie das?

➤➤ Sie wissen, dass die Pausenregelung anders aussieht?

➤➤ Ist Ihnen klar, was Sie mit diesem Verhalten bewirken? Negatives Vorbild für die Kollegen, Ausdehnung der Privatzeit …

➤➤ Ich erwarte von Ihnen, dass Sie weniger Rauchpausen machen …

4. Wichtig!

Mitarbeiter brauchen oftmals klare Anweisungen, in welchem Rahmen sie sich wie bewegen können. Setzen Sie nicht voraus, dass Ihr Gegenüber den Rahmen genau kennt oder kennen will.

5 Energieverteilung – Entscheiden Sie über Ihr Energiepotenzial

Mit Sicherheit haben Sie im Berufsalltag bereits die Erfahrung gemacht, dass Sie sich bei bestimmten Projekten besonders viel Mühe gegeben haben, das Ergebnis aber nicht Ihren Vorstellungen entsprach; oder dass Sie Energie in bestimmte Aufgaben investiert haben, obwohl Sie wussten, dass es keinen Erfolg geben wird. Es kam unter Umständen vielleicht auch vor, dass Sie über einen langen Zeitraum jede Tätigkeit, die Sie verrichtet haben, mit hundert Prozent Einsatz zu erfüllen versucht haben und jetzt ausgebrannt sind. Vielleicht haben Sie auch aufgehört, mit voller Energie zu arbeiten, weil Sie von Anfang an vom Misslingen Ihres Tuns überzeugt waren und im Sinne der

„Self-fulfilling Prophecy"[4] (= sich selbst erfüllenden Prophezeiung) selbst dazu beigetragen haben.

Alle aufgezählten Vorgehensweisen weisen darauf hin, dass Sie bisher nicht die richtige Balance zwischen Energieeinsatz und Energierücknahme gefunden haben. Daraus ergibt sich, dass Sie Energie und Arbeitszeit vergeudet und wenig Erfolg im Sinne des Unternehmens generiert haben. Die Fragen, die Sie sich daher bei anstehenden Aufgaben – vor allem bei größeren Projekten – stets stellen sollten, sind:

» Wie viel Energie soll ich grundsätzlich für die Erledigung dieser Tätigkeit aufwenden?

» Bedarf es während der Erledigung einer bestimmten Tätigkeit mehr oder weniger an Einsatz?

Sie werden nun dagegenhalten, dass eine Steuerung Ihrer Energie zu so einem frühen Zeitpunkt gar nicht möglich ist, dass Sie im Vorhinein gar nicht wissen können, wie viel Einsatz Sie bringen sollten, und Sie oftmals nicht abschätzen können, ob ein Weniger oder Mehr der Sache dienlich oder abträglich sein wird! Im Zweifelsfall werden Sie grundsätzlich mehr geben, da Sie logischerweise davon ausgehen, dass mehr Einsatz auch mehr Lohn bringt. Das erscheint zwar theoretisch logisch, muss in der Praxis aber nicht automatisch der Fall sein.

Denn sowohl intuitiv als auch aus der Summe ihrer Erfahrungen wissen Sie, welche Projekte Sie mit welchem Energieeinsatz weiterbringen und welche zum jetzigen oder späteren Zeitpunkt sowieso im Sand verlaufen werden. Das, was Sie davon abhält, auf Ihre innere Stimme zu hören, sind die Eigenanteile Ihrer Persönlichkeit, die sich zum Beispiel in Glaubenssätzen wie den folgenden äußern und Ihnen den Blick darauf verstellen, wofür sich ein Einsatz mit welchem Aufwand lohnt oder auch nicht:

„Aufgeben gibt es nicht." – „Ich schaffe das sowieso nicht." – „Nur mit 150 Prozent Anstrengung und mehr erreicht man etwas im Leben." – „Man muss nur lange genug an etwas arbeiten, dann kommt auch der Erfolg."

Meine Empfehlung

Gewöhnen Sie sich an, bevor Sie einem Ihrer Glaubenssätze folgen, aufgrund Ihres Bauchgefühls und der Summe ihrer Praxiserfahrungen strategisch und klug zu entscheiden, wie viel Energie und Arbeitszeit Sie in die Erfüllung einer bestimmten Tätigkeit stecken wollen. Überprüfen Sie den Aufwand auch immer wieder während deren Erledigung!

1. Psychologischer Background

Menschen neigen aufgrund ihrer Erziehung und der dadurch erlernten Prinzipien dazu, Strategien zu entwickeln, von denen sie glauben, dass sie zum Erfolg führen werden. Einer der gängigsten Glaubenssätze ist der vom Fleiß, ohne den es keinen Preis gibt. Grundsätzlich ist dem auch nicht zu widersprechen, denn die Realität hat uns gelehrt, dass wir mit viel Einsatz viel erreichen können. Allerdings nicht immer! Private und berufliche Situationen zeigen uns so manches Mal, dass nicht die Mühe den Erfolg bringt, sondern genau das Gegenteil uns über die Zielgerade schiebt: das Loslassen im richtigen Moment! Darum gilt es herauszufinden, wann der richtige Zeitpunkt gekommen ist, wie ein Rennpferd und sein Jockey im Galopp den Reiter hinter uns abzuhängen oder im langsameren Trab unser Können unter Beweis zu stellen. Eine Kunstfertigkeit ist allerdings Voraussetzung: der Wechsel vom Galopp zum Trab und wieder zurück!

2. Anleitung zur Selbstreflexion

Möglicherweise haben Sie, ohne dass es Ihnen bewusst ist, bestimmte Kriterien für sich aufgestellt, nach denen Sie entscheiden, wie viel Zeit und Energie Sie in Projekte stecken. Dies setzt konkrete Erfahrungen voraus, die Sie nach der erfolgreichen Beendigung eines Auftrags auch auf andere Situationen übertragen können. Zudem haben Sie wahrscheinlich ebenso intuitiv Ihre Energieschwerpunkte gesetzt. Sollten Sie sich hier nicht angesprochen fühlen und mehr nach einer Balance Ihres Energiehaushalts streben, möchte ich Ihnen einige Anregungen geben:

▸▸ Überlegen Sie sich, bevor Sie eine Aufgabe in Angriff nehmen, wie viel Zeit und Energie Sie investieren wollen. Stellen Sie für sich Kriterien auf, nach denen Sie eine Entscheidung treffen:

- ▸ Welches Ziel wollen Sie mit dem Auftrag erreichen? Gutes finanzielles Auskommen, Gewinn, guten Ruf, gutes Netzwerk …
- ▸ Wie viel Zeit werden Sie für die adäquate Erledigung brauchen? Wochen, Monate …
- ▸ Wie viele Stunden pro Tag werden Sie daran arbeiten müssen, um Ihr Ziel zu erreichen?
- ▸ Wie hoch wird die Intensität Ihres Einsatzes sein? Jeden Tag auf dem gleichen Energielevel, tägliche oder wöchentliche Pausen …
- ▸ Welche Art von Einsatz wird notwendig sein? Direkte Arbeit an der Auftragserfüllung, Kommunikation halten, Netzwerke aufbauen, mehr Aktivität oder Passivität im Handeln, mehr Arbeit am Kunden und weniger am Schreibtisch …

▸▸ Überprüfen Sie während der Durchführung der Arbeitsschritte Ihre Ziele und die von Ihnen festgelegten Kriterien auf weitere Gültigkeit!

▸▸ Suchen Sie nach dem richtigen Zeitpunkt, zu dem Sie den Energieeinsatz verändern müssen. Hilfreiche Fragen dabei können sein:

  ▸ Habe ich bereits in der Vergangenheit das Gefühl gehabt, den richtigen Zeitpunkt getroffen zu haben?

  ▸ Woran habe ich erkannt, dass es ein guter Zeitpunkt war, meinen Energieeinsatz zu erhöhen beziehungsweise zurückzunehmen?

Oder wenn es Ihnen bisher nicht gelungen ist:

  ▸ An welchem Punkt im Arbeitsprozess wäre es rückblickend notwendig beziehungsweise besser für mich und das Unternehmen gewesen, das Energieniveau zu wechseln?

  ▸ Welche Konsequenzen hätte es für mich und mein Unternehmen gehabt, wenn ich zu einem bestimmten Zeitpunkt anders gehandelt hätte?

  ▸ Was hat mich dazu veranlasst, bei meinem bisherigen Energieeinsatz zu bleiben?

▸▸ Listen Sie Ihre Kriterien auf und beschreiben Sie, aufgrund welcher Empfindungen Sie sich dazu entschieden haben, auf einem bestimmten Energieniveau weiter zu arbeiten.

  ▸ Welches war im konkreten Fall Ihre Befürchtung?

  ▸ Was hätten Sie in der Situation gebraucht, um Ihren Einsatz zu verändern?

▸▸ Versuchen Sie das, was Ihnen in der Vergangenheit geholfen hat, Ihren Arbeitseinsatz zu verändern, auf die Zukunft zu übertragen.

3. Wichtig!

Immer wieder dieselben Strategien zu verfolgen beziehungsweise diese zu intensivieren bringt oftmals nicht den gewünschten Erfolg. Das Gegenteil, nämlich zum richtigen Zeitpunkt bekannte und auch lieb gewonnene Verhaltensmuster loszulassen, verspricht mehr Erfolg und eröffnet Neues!

6 Der Familienbetrieb – Wer hat in Ihrem Unternehmen Entscheidungsvollmacht?

Besonders in Familienunternehmen wird oft die Frage nach der Entscheidungsvollmacht (= Entscheidungsgewalt) gestellt. Kleine und mittelständische Unternehmen in privater Hand, die über Jahrzehnte hinweg in mühevoller Arbeit aufgebaut wurden, bergen ein großes Konfliktpotenzial in sich. Häufig sind die Firmengründer und -inhaber aufgrund ihres Alters, fehlender Energie und unter Umständen auch aufgrund veralteten Know-hows im Zeitalter von Globalisierung und Informationstechnologie nicht mehr in der Lage, das Unternehmen weiterzuführen. Es muss ein Nachfolger eingesetzt werden, der entweder im Familienkreis oder außerfamiliär zu suchen ist. Wenn er aus dem Familienkreis stammt, erweisen sich die Prozesse der Übergabe und der Weiterführung oftmals als sehr schwierig, da die jüngere Generation sich von der Gründergeneration wesentlich unterscheidet:

▸▸ Sie besitzt einen anderen fachlichen Hintergrund: mit wenig praktischer Erfahrung, dafür mehr Wissen im Hinblick auf neue technische Errungenschaften wie Datenverarbeitung, technische Innovationen und so weiter.

▸▸ Sie zeigt mehr Flexibilität im Handeln und Denken, bedingt durch einen starken wirtschaftlichen Druck.

▸▸ Sie ist durch eine stark individuelle Persönlichkeitsstruktur geprägt: Die Familie besitzt heute nicht mehr den Stellenwert, den sie noch für die Elterngeneration hatte. Entscheidungsprozesse sind heute nicht mehr ausschließlich Familienangelegenheiten.

Die Generationen divergieren daher stark hinsichtlich ihrer Arbeitsschwerpunkte und Arbeitsweisen. Das beeinflusst unweigerlich den Berufsalltag des gesamten Familienbetriebs in negativer Weise. Auf der fachlichen Ebene bedeutet dies vielfach, dass notwendig gewordene Maßnahmen, Umstrukturierungen, die Suche nach Nischen etc. nicht angegangen werden, weil Entscheidungen nicht getroffen werden können. Die Ursache dafür liegt auf der einen Seite bei der älteren Generation, die sich oftmals nicht wirklich aus dem Unternehmen zurückziehen kann oder will und Neuerungen skeptisch gegenübersteht. Andererseits ist eventuell auch der Nachfolger emotional nicht in der Lage, sich von den Eltern abzugrenzen und zu distanzieren! Es kommt zu einer „Double-bind-Situation"[5] (= Doppelbotschaften: Entscheidungsträger zu sein und gleichzeitig nicht zu sein), in der die Kinder zwar offiziell die Legitimation zur Unternehmensführung besitzen, die inoffiziellen Entscheidungsträger aber nach wie vor die Eltern sind.

Meine Empfehlung

Unabhängig davon, ob Sie sich in der Rolle des Elternteils oder des Kindes befinden: Machen Sie sich zuerst klar, dass sich diese „Verstrickung"[6] (= übermäßiges problembehaftetes Gebundensein) durch eine bestimmte Haltung und die damit verbundenen Emotionen geschäftsschädigend auf das gesamte Unternehmen auswirken wird. Zudem können, langfristig gesehen, auch die privaten und familiären Beziehungen in die Brüche gehen. Nicht selten verlassen Kinder aufgrund der Konflikte mit ihren Eltern das familieneigene Unternehmen.

Aus psychologischer Sicht ist es schwierig, diese Verstrickungen selbst aufzulösen: In der Regel sind tiefe unbewusste Ängste, Kränkungen und ein niedriges Selbstwertgefühl auf beiden Seiten vorhanden, wodurch eine emotionale Nähe zum Problem hergestellt wird, welche die Betroffenen kaum selbst
überwinden können. Trotz bester Absichten neigt man dazu, in alte Muster
zurückzufallen. Ich rate Ihnen daher, sich professionelle Unterstützung in
Form von Coaching zu holen!

1. Psychologischer Background

Konflikte in Familienbetrieben entzünden sich immer auf einer Ebene, die
etwas mit der Führung des Unternehmens zu tun hat (also fachlicher Natur
zu sein scheinen). Darunter liegen jedoch die eigentlichen Probleme, die
ihren Ursprung vor Jahren und Jahrzehnten haben. Sie finden nun ihren Ausdruck auf einer Beziehungsebene, die mit der reinen Sachebene nichts zu
tun hat: Es kommt zu einer starken Vermischung zwischen Sach- und Beziehungsebene. Durch Rahmenbedingungen, die speziell in Familienbetrieben zu finden sind, wird diese Vermischung zusätzlich begünstigt: Oftmals
gibt es keine klaren Grenzen innerhalb des Betriebs (es fehlt an Strukturen
und Regeln), keine klaren Rollenverteilungen der Familienmitglieder (jeder
ist für alles zuständig), wenig Möglichkeiten für den Einzelnen, sich abzugrenzen (jeder ist immer im Dienst und jederzeit verfügbar), und eine zu in-
tensive räumliche und emotionale Nähe zwischen Eltern und Kindern. Konflikte entstehen vor allem dadurch, dass Eltern in der Elternrolle bleiben und
die erwachsenen Kinder weiter in der Kindrolle verharren.

2. Anleitung für die Praxis

Grundsätzlich empfehle ich sowohl den Kindern als auch den Eltern einen
Perspektivenwechsel in Bezug auf „konservierte und bisher gut gepflegte"
Haltungen:

▸ Eine Zukunft des Unternehmens ist ohne die Kinder nicht möglich.
▸ Die Vergangenheit des Unternehmens war ohne die Eltern nicht möglich.

Beide Haltungen haben nebeneinander ihre Berechtigung, denn:

▸ Die Eltern waren wichtig, um das Unternehmen aufzubauen!
▸ Die nächste Generation ist wichtig, um es in die Zukunft zu führen!

Ein solcher Perspektivenwechsel verlangt nicht nur nach einer anderen Haltung, es müssen auch konkrete Taten folgen. Diese sollten letztendlich darin
bestehen, dass die Eltern loslassen und die Kinder mit Energie das Unternehmen weiterführen. Beides hängt eng miteinander zusammen, da die (Tat-)
Kraft der nächsten Generation erst zur Entfaltung kommen kann, wenn ihr
Raum gegeben wird – Raum, den die Eltern bereitstellen müssen, indem sie
ihren angestammten Platz verlassen und zur Seite treten.

3. Anleitung zur Selbstreflexion

Hilfreich könnten für den Prozess des Generationswechsels zum Beispiel folgende Fragen sein:

Für die Eltern:

▸▸ Was veranlasst mich dazu, weiter meine Position zu behalten, obwohl ich das Unternehmen bereits übergeben habe?

▸▸ Welche Befürchtungen habe ich nach meinem Rückzug in Bezug auf das Unternehmen und auf mich als Person?

▸▸ Wie realistisch ist es bei genauerer Überprüfung, dass der „worst case"[7] (= schlimmste Befürchtung) eintreffen wird?

▸▸ Was habe ich davon, wenn ich diese Position weiter behalte?

▸▸ Was brauche ich von wem, um den großen Schritt zu tun und mich wirklich zu verabschieden?

Für die Kinder:

▸▸ Was brauche ich als Sohn/Tochter von wem, um in die Lage versetzt zu werden, dieses Unternehmen allein zu führen?

▸▸ Welches sind meine schlimmsten Befürchtungen, die eintreten könnten, wenn ich allein in der Verantwortung bin?

▸▸ Wie realistisch ist es, dass dieses Worst-Case-Szenario eintreten wird?

▸▸ Von wem kann ich Unterstützung bei der Führung des Unternehmens bekommen?

▸▸ Wie viel Wissen, Informationen oder auch Unterstützung will ich bei der Unternehmensführung weiterhin von meinen Eltern erhalten?

▸▸ Was will ich auf gar keinen Fall von meinen Eltern bekommen?

▸▸ Was brauche ich, um mich von meinen Eltern abgrenzen zu können?

7 Entscheidungsprozesse – Nehmen Sie sich Zeit und holen Sie Meinungen ein

Als Unternehmer haben Sie sicher in Ihrem Berufsalltag bereits folgende Erfahrung gemacht:

▸▸ Sie haben unter Druck vorschnell Entscheidungen getroffen, die sich kurze Zeit später als Fehlentscheidungen erwiesen haben – *Sie haben sich keine Zeit für eine genaue Prüfung der Fakten und der Konsequenzen genommen.*

▸▸ Sie haben keine Entscheidung gefällt, weil Sie sich keine Feinde machen wollten – *Sie haben Politik betrieben.*

▸ Sie wollten Entscheidungen nicht allein treffen – *Sie haben eine Rück-versicherung gesucht aus Angst vor den Konsequenzen.*

▸ Es ist zu keiner Entscheidung gekommen, weil alle am Prozess Beteilig-ten nicht in der Lage waren, einen Kompromiss zu finden – *Sie haben Ent-scheidungen vertagt, diese gerieten in Vergessenheit und zu einem spä-teren Zeitpunkt entschied der Zufall.*

▸ Sie haben Entscheidungen aus einem Bauchgefühl heraus ohne für andere erkennbare und nachvollziehbare Kriterien getroffen – *es fehlen die fach-liche Grundlage und allgemeingültige Regeln für den Entscheidungspro-zess.*

Die Liste an Möglichkeiten in Bezug auf Entscheidungsprozesse ließe sich weiter fortsetzen. Wann Unternehmen Entscheidungen hinauszögern, nicht treffen, voreilig treffen und so weiter, wird oftmals von der emotionalen Be-findlichkeit der Entscheidungsträger und der Unternehmenskultur bestimmt. Ängste, die Kontrolle über eine Situation zu verlieren, Angst vor einem Kar-riereknick, aber auch „narzisstisch"[8] geprägte Persönlichkeitsanteile der agie-renden Personen üben großen Einfluss auf das Wie und Wann von Ent-scheidungen aus. Dazu tragen zudem festgelegte Regeln und Gesetze eines Unternehmens noch bei. In „Matrixorganisationen"[9] etwa gestalten sich Ent-scheidungsprozesse äußerst schwierig, da aufgrund der Komplexität der Ent-scheidungsebenen eine höhere Wahrscheinlichkeit besteht, keine Verant-wortung übernehmen zu müssen.

Meine Empfehlung

Achten Sie bei Entscheidungsprozessen besonders auf folgende Faktoren:

▸ Im Sanierungsfall ist schnelles Krisenmanagement angesagt. Dies birgt jedoch aufgrund des hohen emotionalen Drucks die Gefahr von Ent-scheidungen, die oftmals wenig durchdacht sind und nur kurzfristigen und wenig realitätsnahen Charakter haben. Lassen Sie sich trotz der bri-santen Krisensituation besonders in solchen Phasen Zeit für Entschei-dungen mit einem planvollen Vorgehen und klaren Zielvorgaben! Set-zen Sie einen angemessenen Zeitrahmen für Ihre Entscheidung, der ein Mindestmaß an strategischem Handeln zulässt.

▸ Keine Entscheidungen zu treffen oder zu warten, bis sich das Problem von selbst löst, oder andere entscheiden zu lassen bedeutet, dass nicht Sie das Unternehmen leiten, sondern das Unternehmen – sprich andere Personen – Ihr „Sein" bestimmen. Dies entspricht weder einem pro-fessionellen Führungsverhalten noch können dadurch konkrete Ziel-vorgaben im Unternehmen aufgestellt werden.

1. Psychologischer Background

Menschen sind schnell zu verunsichern, wenn sie merken, dass sie für die Lösung eines Problems in aller Konsequenz verantwortlich sind. Im Hintergrund steht immer das Wissen, dass alles Mögliche dabei passieren kann. Wir wollen gern die Kontrolle über den Lauf der Dinge behalten, um für uns selbst sicherzustellen, dass das Ergebnis für uns und andere insoweit akzeptabel ist, dass wir uns nicht mit den Konsequenzen einer Fehlentscheidung herumschlagen müssen. Aber: Das Leben birgt viele Risiken und so müssen wir immer in der Angst leben, dass gewisse Dinge einen anderen Verlauf nehmen als den, den wir für sie bestimmt haben. Entscheidungen zu treffen birgt immer die Gefahr, dass etwas schief laufen kann. Das Ausmaß der Gefährdung wird jedoch unkalkulierbar, wenn Sie Entscheidungen ohne zugrunde liegende Reflexion treffen oder sich dazu entschließen, keine Entscheidungen zu treffen.

2. Anleitung für die Praxis

Grundsätzlich empfehle ich Ihnen bei Entscheidungen, nach einem bestimmten Raster vorzugehen, das Ihnen zumindest ein Minimum an Sicherheit bietet, dass sie richtig ausfallen. Nutzen Sie dies, wenn die Entscheidungsfindung einen Schwachpunkt in Ihrer Unternehmensführung darstellen sollte.

Entscheiden Sie:
- ▸▸ aufgrund der *Faktenlage:* Welche Informationen von wem brauchen Sie, um zu einer Entscheidung zu gelangen?
- ▸▸ nach genauer und umfassender Prüfung aller *Umstände*: Haben Sie auch wirklich alle für die Entscheidung notwendigen relevanten Faktoren, die das Problem näher, aber auch weiter definieren, eingehend geprüft?
- ▸▸ nach den *Konsequenzen:* Mit welchen Konsequenzen müssen Sie rechnen?
- ▸▸ unter *Einbezug der Meinung von Experten und Kollegen*: Haben Sie die Meinung von Fachleuten und Kollegen in Bezug auf die Entscheidung eingeholt? Wie lautet sie?
- ▸▸ und *Mitarbeitern:* Was denken Ihre Mitarbeiter dazu? Fragen Sie sie!
- ▸▸ mit einem angemessenen *zeitlichen Abstand* zum Problem/zur Aufgabenstellung: Wann ist der richtige Zeitpunkt, eine Entscheidung zu treffen? Nach welchen Kriterien beurteilen Sie den richtigen Zeitpunkt?

3. Wichtig!

Gerade die Angst vor den Konsequenzen ist es, die uns entweder zu einem Schnellschuss veranlasst oder uns zögern lässt. Suchen Sie daher den Rat von Experten, Kollegen und auch Mitarbeitern, die oftmals mehr Abstand zu notwendigen Entscheidungsprozessen haben als Sie. Deren unvoreingenommener Blick kann hier sehr hilfreich sein!

8 Zieldefinition und Zielverfolgung – Wissen Sie, wohin Sie wollen, und bleiben Sie auch dran?

Die wichtigsten Grundpfeiler einer guten Unternehmensführung bestehen in der Klarheit der Unternehmensziele und der kontinuierlichen Ausrichtung Ihrer Energien auf deren Umsetzung. Was so einfach und auch logisch erscheint, kann sich in der Alltagspraxis jedoch als ein Weg voller Hindernisse herausstellen, der nicht unbedingt aufgrund von Rahmenbedingungen, sondern aufgrund Ihrer Persönlichkeitsstruktur beschwerlich sein könnte. Im Prozess der permanenten Suche nach Zielen und deren Korrektur sowie der darauf folgenden Umsetzung sind Sie zum Beispiel damit konfrontiert, dass Sie in der Lage sein müssen,

» zielorientiert zu denken,

» Ziele möglichst konkret zu formulieren,

» Ziele gegen die Widerstände aller Beteiligten aufrechtzuerhalten oder

» einen Konsens über gemeinsame Ziele zu finden und

» an der kontinuierlichen Umsetzung zu arbeiten.

Oder anders formuliert:

» Haben Sie eine unstrukturierte und chaotische Arbeitsweise?

» Setzen Sie Ziele aus einem Bauchgefühl heraus – entsprechend Ihrer emotionalen Verfassung oder weil Sie auch nicht gern festgelegt werden? Existieren keine Regeln darüber, wie Entscheidungen in Bezug auf Ziele zustande kommen? Vergleichen Sie dazu Kapitel I/7 (Entscheidungsprozesse).

» Sind Sie leicht von der Meinung anderer zu beeinflussen und ändern daher immer wieder Ihre Zielvorgaben?

» Haben Sie aufgrund fehlender Prioritäten wenig Energie zur Verfügung, an der Umsetzung von Zielen zu arbeiten? Verzetteln Sie sich eventuell leicht und vergeuden dabei viel Energie?

» Definieren Sie aufgrund stetig wechselnder Rahmenbedingungen Ziele permanent neu?

Treffen diese Aussagen auf Sie zu, kann das die Führung Ihres Unternehmens in negativer Weise beeinflussen. Auf der faktischen Ebene bedeutet dies, dass

» unüberlegte und nicht durchdachte Zielvorgaben getroffen werden *(für andere nicht rational nachvollziehbar und verständlich)*,

» Unternehmensziele nicht klar und eindeutig definiert oder zu schnell beziehungsweise zu häufig geändert werden *(der Ermessensspielraum ist besonders hoch und jede Interpretation zulässig)*,

» aufgrund fehlender oder nur punktueller Umsetzungsprozesse *(wenn der Leidensdruck am größten ist)* Unternehmensergebnisse eher Zufallsprodukte darstellen als den Endpunkt von zielorientiertem Denken und Handeln.

Meine Empfehlung

Die Hauptaufgabe eines Unternehmers besteht darin, Unternehmensziele zu setzen und sie auch umzusetzen. Gelingt dies nicht, wird der Unternehmenserfolg gefährdet. Zielorientiertes Handeln und permanente Prozesse der Umsetzung sind Faktoren, die sich nicht nur auf „Großereignisse" beziehen dürfen, sondern die ihren Ausdruck im täglichen unternehmerischen Tun finden müssen!

---

1. Psychologischer Background

Mit der Festlegung von Unternehmenszielen verhält es sich genauso wie mit den Entscheidungsprozessen, die vorab initiiert und „durchlebt" werden müssen: Der Weg der Zieldefinition wird immer auch von der Unternehmenskultur beeinflusst, in welche die Entscheidungsträger eingebettet sind, sowie von deren Persönlichkeitsstruktur. Das Ausmaß, in dem Politik im Unternehmen betrieben wird, und der Grad der emotionalen Abhängigkeit der Mitarbeiter bestimmen in erster Linie die Einnordung auf konkrete Ziele. Wie an anderer Stelle ausführlicher beschrieben, scheint in vielen Unternehmen und bei vielen Entscheidungsträgern die eigene Bedürfnisbefriedigung die dominante Zielvorgabe zu sein. Erst dann folgen fachliche Argumente, die eine Ausrichtung auf bestimmte Ziele bedingen. Dies stellt einen der Hauptgründe dar, warum auch nach außen hin „gut funktionierende" Unternehmen oftmals keinen dauerhaften Erfolg erzielen.

2. Anleitung zur Selbstreflexion

Große und kleine Unternehmensziele entstehen und erfüllen sich nicht einfach, sie sind das Produkt Ihrer Entscheidungen und der Gewährleistung, dass sie auch umgesetzt werden. Ich biete Ihnen hier einige Standardfragen an, anhand derer Sie reflektieren können, welches Ihre Ziele sind, wie Zielvorgaben in Ihrem Unternehmen zustande kommen, wie sie umgesetzt werden und was Sie in diesen Prozessen beachten sollten:

» Definition der Unternehmensziele:

  ▸ Definieren Sie im Detail Ihre wichtigsten inhaltlichen Ziele.

  ▸ Unterscheiden Sie zwischen Gesamtzielen und Teilzielen.

▸ Welche von Ihnen definierten Ziele wollen Sie kurz-, mittel- und lang-fristig erreichen? Ordnen Sie Ihre Ziele diesen Kategorien zu.

▸ Definieren Sie, von welchen Zeiträumen Sie bei den genannten drei Kategorien sprechen.

▸ Welche „Kleinstziele" erreichen Sie jeden Tag? Welchen täglichen Auf-gaben weisen Sie eine so hohe Priorität zu, dass Sie sie jeden Tag er-fullt haben wollen?

▸ Beantworten Sie dieselbe Frage in Bezug auf eine Woche, auf einen Monat, auf ein Jahr.

▸▸ Der Weg von der Zielfindung bis zur Entscheidung:

▸ Beschreiben Sie den Weg/die Wege, wie in Ihrem Unternehmen Ziele festgelegt werden.

▸ Wer ist am Prozess der Zielfindung beteiligt?

▸ Woher haben Sie Ideen für neue/andere/erweiterte Unternehmens-ziele?

▸ Wer und welche Faktoren von außerhalb und/oder innerhalb Ihres Unternehmens beeinflussen noch den Inhalt der Ziele?

▸ Welches sind Ihre Kriterien, nach denen Sie Ihre Unternehmensziele festlegen?

▸ Wer trifft die endgültige Entscheidung für ein konkretes Ziel?

▸ Wie lange dauern in Ihrem Unternehmen die Prozesse der Zielfindung?

▸ Wie reagieren Sie, wenn Ihr leitendes Team in Bezug auf die Zielfin-dung anderer Meinung ist? Wie wird entschieden?

▸ Nach welchen Kriterien entscheiden Sie, wenn zwei oder mehrere Zielvorgaben einander ausschließen?

▸▸ Der Prozess der Umsetzung:

▸ Wer in Ihrem Unternehmen ist für die Umsetzung der Ziele verant-wortlich?

▸ Wie laufen Prozesse der Umsetzung ab?

▸ Wie gewährleisten Sie eine punktgenaue und nachhaltige Umsetzung?

▸ Wie binden Sie Ihre Mitarbeiter in den Umsetzungsprozess ein?

▸ Wer kontrolliert wann und wie oft das Ergebnis?

▸ Wie wird der Informationsfluss über die Umsetzung zwischen dem Kontrollorgan und Ihnen gewährleistet?

▸▸ Die Rückkoppelung:

▸ Wie gehen Sie damit um, wenn sich aus der Festlegung auf ein kon-kretes Ziel die Notwendigkeit der Neudefinition eines anderen oder Ihres persönlichen Zieles ergibt?

▸ Wer trifft wann die Entscheidung für eine Abänderung des Zieles?

Die Verfolgung von Unternehmenszielen wird vielfach als linear betrachtet, wodurch der Prozess spätestens bei der Umsetzung aus den verschiedensten Gründen unterbrochen wird (siehe auch Kapitel I/7 „Entscheidungsprozesse"). Das Denken und Handeln der Entscheidungsträger hört dann meist an dem Punkt auf, an dem man glaubt, die Anweisung für einen Umsetzungsprozess weitergegeben zu haben. Grundsätzlich sollten Sie jedoch den Weg von der Zielfindung, der Definition, der Umsetzung der Ziele bis zur Rückkoppelung als einen ewigen Kreislauf begreifen, der seinen Endpunkt jeweils erst in der Neudefinition oder Abänderung, im Idealfall der Verbesserung von Zielen findet. Zirkuläres Denken setzt dabei voraus, Unternehmensziele als etwas zu verstehen, das einer permanenten Überprüfung, Abänderung und Verbesserung bedarf!

3. Wichtig!

Beginnen Sie damit, im Kreis zu denken! So gewährleisten Sie, dass Prozesse der Zielfindung und Umsetzung keinen Stopp erfahren und Sie daher „gezwungen" sind, immer wieder von vorn zu beginnen.

9 Strategieentwicklung – Wie erreichen Sie Ihre Ziele?

Strategieentwicklung gehört zu den Kernaufgaben eines Unternehmers, denn ohne Kenntnis von Zielerreichungsmaßnahmen gestaltet sich Unternehmensführung wenig erfolgreich, wenn nicht sogar erfolglos. Trotz dieses Wissens haben viele Unternehmer Schwierigkeiten, Ziele und deren Maßnahmen zur Umsetzung zu definieren. Wie schon in Kapitel I/8 („Zieldefinition und Zielverfolgung") beschrieben, scheinen Entscheidungen über die Zieldefinition und damit auch die Strategieentwicklung nicht nur auf Fakten zu basieren, sondern auch emotional gesteuert zustande zu kommen. Erschwerend kommt hier noch der Zukunftsfaktor ins Spiel: Unternehmen und deren Erfolg, der aus einem strategisch geplanten Toptreffer resultiert, verhalten sich so wie Meteorologen bei der Wettervorhersage. Die Experten können noch relativ gut vorhersagen, ob es am nächsten Tag regnen oder die Sonne scheinen wird; wie die Wetterlage aber in einer Woche aussehen wird, liegt trotz fundierten meteorologischen Wissens im Bereich der Schätzung. Das bedeutet: Was in einigen Jahren als die Entdeckung einer Marktnische und als Verkaufsschlager gilt, kann heute zwar theoretisch – eventuell sogar mit Daten unterfüttert – vermutet werden, eine exakte Sicherheit haben Unternehmen allerdings nicht.

Das bedeutet in der Konsequenz, dass verschiedene Entscheidungsträger Fakten und Daten völlig unterschiedlich interpretieren und daher auch andere Maßnahmen einleiten. Ab diesem Zeitpunkt werden vor allem in größeren Betrieben, in denen mehrere gleichberechtigte Entscheidungsträger zusammenarbeiten, die Themen Strategieentwicklung und Zieldefinition zum Konfliktthema Nummer eins. Entschieden wird dann oftmals nicht mehr im Team, sondern im Alleingang durch jene Person, welche die größte Macht im Unternehmen hat – meist voreilig, weil der Handlungsdruck als zu hoch empfunden wird und man glaubt, schnell zu außergewöhnlichen Maßnahmen greifen zu müssen. Allen Handlungsalternativen ist jedoch gemeinsam, dass die Entwicklung von Strategien oftmals auf einer Momentaufnahme des Unternehmens beruht und daher immer erst als Reaktion auf eine meist konfliktbehaftete Situation eingeleitet wird. Im Gegensatz dazu arbeiten erfolgreiche Unternehmen daran, unternehmerische Ereignisse mit den bereits vorhandenen Strategien aufzuarbeiten und in den „Change" zu bringen!

Meine Empfehlung

Zielerreichungsstrategien führen dann zum Erfolg, wenn sie nicht nur emotional gesteuert und als Reaktion auf eine Krisensituation des Unternehmens entwickelt werden. Strategieentwicklung sollte eingebettet sein in ein reflektiertes, über Jahre geplantes und von Visionen geleitetes Gesamtkonzept, in dem die Balance zwischen den Interessen des Unternehmens, der Mitarbeiter und der Kunden im Vordergrund steht: Strategien sind als Instrumente zu verstehen, die darauf ausgerichtet sein sollten, im Spannungsfeld Unternehmen – Kunde – Mitarbeiter eine Win-Win-Win-Situation herzustellen.

1. Psychologischer Background

Da wir Menschen keine wirkliche Gewissheit darüber haben, welche Maßnahmen zum Erfolg führen, neigen wir aus Unsicherheit dazu, vieles auszuprobieren, bei Misserfolgen alternative Strategien zu wählen, uns von der Meinung anderer leiten zu lassen oder (das Gegenteil davon) starr an etwas Überholtem festzuhalten, aus dem Bauch heraus oder (das Gegenteil davon) nur faktenbasiert zu entscheiden – und so weiter. Wir sind vor allem in Krisensituationen so fixiert auf die Veränderung des verbesserungswürdigen Zustands, dass wir uns an Einzelstrategien abarbeiten und festbeißen, die zwar möglicherweise kurzfristig erfolgreich sind, langfristig jedoch meist noch mehr Schaden anrichten, weil das Gesamtsystem Unternehmen außer Acht gelassen wird.

Strategieentwicklung ist mehr als die Erarbeitung von Einzelmaßnahmen. Sie bedeutet einen visionären Blick für Unternehmensziele und die Maßnahmen zu deren Erreichung zu haben, der nicht nur ein konzeptionell gesteuertes „Maßnahmenbündel" nach sich zieht, sondern, gerade weil er visionär ist, von einer tiefen inneren Sicherheit des Erfolgs getragen wird.

2. Anleitung für die Praxis

Strategien müssen eingebettet sein in ein Gesamtkonzept, das vordergründig nur dem Unternehmen, letztendlich jedoch auch den Kunden und den Mitarbeitern dient. Ich biete Ihnen hier anhand von verschiedenen Fragen einige vereinfachte Anregungen für ein sehr komplexes Thema unter dem Blickwinkel des Perspektivenwechsels: Beziehen Sie Mitarbeiter und Kunden in Ihre Strategiearbeit mit ein!

Welche Maßnahmen müssen Sie ergreifen, damit Sie Ziel A erreichen?

» Definieren Sie ein Unternehmensziel und beschreiben Sie die Strategien, die Sie verfolgen werden!

» Welche dieser Strategien wird aus der Sicht der Mitarbeiter als leicht und für sie angenehm in der Umsetzung eingestuft? Welche gilt als schwierig bei der Umsetzung? Befragen Sie dazu Ihre Mitarbeiter und lassen Sie sich für beide Positionen Argumente nennen!

» Welche der genannten Strategien wird von Ihren Kunden als die am meisten Erfolg versprechende und welche als die am wenigsten Erfolg versprechende eingestuft? Befragen Sie dazu Ihre Kunden und lassen Sie sich genau beschreiben, warum der Kunde zu welcher Ansicht gelangt ist.

» Sollten Ihre Vorschläge zur Umsetzung von den Mitarbeitern als machbar und von den Kunden als aussichtsreich eingestuft werden, steht einer konkreten Strategiearbeit nichts im Wege!

» Decken sich jedoch Ihre Interessen nicht mit denen der Mitarbeiter und schon gar nicht mit den Kundenwünschen, liegt es an Ihnen, dem Problem auf den Grund zu gehen.

Ausgehend von den Kundenbedürfnissen sollten Sie in dieser Situation die Frage stellen:

» Welche Maßnahmen zur Erreichung des vorgegebenen Ziels würden Ihre Kunden ergreifen, wenn sie in Ihrer Position wären? Sammeln Sie Vorschläge bei Ihren Kunden!

» Unterbreiten Sie die Vorschläge Ihren Mitarbeitern und erfragen Sie, welche davon sie für gut umsetzbar halten!

» Wird das Resultat aus Kunden- und Mitarbeiterbefragung dann noch aus unternehmerischer Sicht als erfolgreich und machbar eingestuft, haben Sie eine gute Balance zwischen den verschiedenen Interessen hergestellt.

» Überwiegen jedoch auf einer Seite des Dreiecks Unternehmen – Kunden – Mitarbeiter die Interessen, müssen Sie nach Kompromissen suchen, die nicht zulasten einer Seite gehen dürfen. Achten Sie auf die Balance, sonst kippt das System und der Erfolg ist gefährdet.

3. Wichtig!

Unternehmen, deren Strategien nur auf Gewinnmaximierung ausgelegt sind, verlieren ihre Kunden, wenn die Qualität der Produkte nicht mehr stimmt. Umgekehrt nimmt das Unternehmen Schaden, wenn Sie nur an Ihre Mitarbeiter oder an Ihre Kunden denken: Der Erfolg der Organisation ist auch davon abhängig, inwieweit sie ihre Eigeninteressen weiter vertreten kann!

10 Erfolgsstrategien – Was können Sie wirklich gut?

Haben Sie schon einmal hinterfragt, was Sie als Unternehmer erfolgreich gemacht hat und welche Strategien Sie dabei angewandt haben? Nun werden Sie denken, dass Sie viel gearbeitet und eine Marktnische gefunden haben, Ihren Kundenstamm kontinuierlich vergrößert und einen ausgezeichneten Manager mit guten Kontakten haben, nämlich sich selbst, der unter einem glücklichen Stern geboren ist ... Allein hinter der Tatsache, dass Sie viel arbeiten, verbirgt sich eine Strategie, die Sie erfolgreich gemacht hat: Keine Mühe scheuen!

Welche erfolgreichen Verhaltensweisen haben Sie angewandt, um Ihr Unternehmen zu dem zu machen, was es heute ist? Oder welche besonderen Talente zeichnen Sie als Unternehmer aus?

Der Prozess, sich der eigenen Strategien bewusst zu werden, besitzt in guten wirtschaftlichen Zeiten keine besondere Bedeutung, außer dass Sie sich über sich selbst freuen können. In finanziellen Krisenzeiten aber kann das genaue Wissen um die eigenen Stärken und ein Zurückgreifen auf vorhandene und bereits erfolgserprobte Strategien zum Überleben Ihres Unternehmens beitragen. Während wir unseren Talenten in guten Zeiten keine Aufmerksamkeit schenken, ist es notwendig, dass wir sie in schlechten Zeiten aus unserem Unterbewusstsein hervorholen und wieder zum Leben erwecken. Das gelingt umso besser, wenn wir es gerade in Zeiten guter Konjunktur üben, da in Krisenzeiten der Blick auf unsere Stärken durch die emotionale Belastung verstellt ist.

Wir wissen sehr schnell, was wir alles nicht können oder was wir können sollten; viel schwieriger ist es für uns, herauszufinden, was wir gut können. Die
Ursache dafür liegt sicher darin, dass wir uns unsere besonderen Leistungen
nicht bewusst machen. Auch „der Rest der Welt" macht uns darauf nicht aufmerksam, weil unsere Besonderheit den anderen in seinem Selbstwert herab-
setzen würde. Und darum gilt es, unseren Schatz im Verborgenen zu lassen!

Als Unternehmer haben Sie zwangsläufig, selbst wenn sich Ihr Unternehmen in einer krisenhaften Phase befindet, besondere Talente, die von einer
hohen Kreativität, der Fähigkeit, sich gut zu präsentieren bis zum hervorragenden Networking reichen. Talente, die Sie zwar auch in einem Angestelltenverhältnis gut gebrauchen können, die jedoch nicht unbedingt die
wichtigsten Voraussetzungen für einen festen Arbeitsplatz sind.

Meine Empfehlung

Beginnen Sie jetzt damit, Ihre Erfolgsstrategien herauszufinden und klar zu
definieren. Nicht nur das Glück entscheidet über Ihren unternehmerischen
Weg, sondern Sie entscheiden sehr wohl über Ihren Erfolg mit.

1. Psychologischer Background

Schon in unserer Kindheit erwerben wir Strategien, um das zu bekommen, was
wir uns wünschen, und wir lassen es an Einfallsreichtum dabei nicht mangeln.
Denn die Erziehung durch unsere Eltern, Großeltern und sonstige wichtige Be-
zugspersonen hat uns dazu veranlasst, besondere Tricks anzuwenden und
heimliche Schleichwege zu beschreiten, um an die Schokolade zu kommen.
Die damals oft mühsam erlernten Muster, mit denen wir bisher gut und zuweilen hervorragend durchs Leben gekommen sind, sind uns heute hilfreich
bei der Führung eines Unternehmens. Was gestern dazu beigetragen hat, die
von uns heiß ersehnte Verlockung mithilfe eines Couchtisches und eines Stuh-
les zu erreichen, ist heute eine Vorstellung davon, was man tun muss, um
scheinbar unerreichbare Höhen zu erklimmen. Nicht nur das Wissen darum
bringt uns heute weiter, sondern die Perfektionierung dessen, was es uns einst
ermöglicht hat, unsere tiefsten Sehnsüchte zu befriedigen!

2. Anleitung für die Praxis

Erfolgsstrategien sind nicht etwas, das nur herausragend talentierte Persönlichkeiten für sich gepachtet haben. Auch Sie besitzen sie, sonst wären Sie
nicht in der Lage, ein Unternehmen zu leiten! Das Problem besteht in der
Unwissenheit über eigene Talente und daher auch deren fehlende Würdi-

gung. Dies verhindert auch, dass wir unsere Talente bewusst ausbauen. Versuchen Sie daher, Ihren Erfolgsstrategien auf die Schliche zu kommen:

▶▶ Beginnen Sie mit einem Brainstorming. Sammeln Sie, was Ihnen spontan zu Ihren persönlichen Erfolgsstrategien einfällt. Halten Sie zwei Bedingungen ein: Bewerten Sie nichts und lassen Sie nichts weg.

▶▶ Legen Sie eine Liste an und lassen Sie sich Zeit. Wir sind es gewohnt, unsere Fehler und Schwächen schneller aufzulisten als erfolgreiche Verhaltensweisen.

▶▶ Fragen Sie auch Ihre Mitmenschen, worin sie Ihre Erfolgsmechanismen sehen.

▶▶ Machen Sie sich bewusst, was Sie können, und erkennen Sie Ihre Talente als etwas Besonderes an.

▶▶ Versuchen Sie nun, Ihr Hauptaugenmerk in Zukunft bewusst auf den Ausbau Ihrer Erfolgsstrategien zu lenken und weniger auf das Ausmerzen Ihrer Schwächen, indem Sie Prioritäten setzen. Die Bekämpfung der Schwächen kostet zu viel Energie, erzeugt Frustration und Enttäuschung und bringt Ihnen nur wenige Erfolgserlebnisse! Wenn Sie gut in der Kundenakquise sind, weil Sie Menschen begeistern können, legen Sie Ihren Arbeitsschwerpunkt auf diesen Bereich und perfektionieren Ihr Talent. Erlauben Sie sich, Schwerpunkte zu bestimmen, Sie müssen nicht auf allen Gebieten gleich gut sein!

▶▶ Damit Sie Ihre Erfolgsstrategien auch gut wahrnehmen können, wenden Sie den Blick weg von Situationen, Ereignissen oder Menschen, die in Ihnen das Gefühl hervorgerufen haben, dass Sie alles andere als erfolgreich waren. Versagensgefühle, Abwertungen und Kränkungen verstellen Ihnen die Sicht auf Ihre Talente!

▶▶ Verabschieden Sie sich von Arbeitssystemen, in denen Sie sich trotz Ihres sichtbaren Erfolges nicht genug gewürdigt fühlen. Dies hemmt Sie nicht nur in Ihrer Entwicklung, Sie werden da kleiner gemacht, als Sie sind, was sich negativ auf Ihr Selbstwertgefühl auswirkt.

▶▶ Machen Sie sich bewusst, dass diese Strategien niemals verloren gehen. Andere Zeiten bedingen möglicherweise andere Schwerpunkte Ihres Strategierepertoires.

3. Erklärung

Ein Großteil der Menschheit schöpft nicht annähernd sein gesamtes Potenzial an Stärken, Erfolgsstrategien und Kreativität aus. Wir lassen uns begrenzen beziehungsweise begrenzen uns selbst, weil unsere Angst vor einem Entwicklungssprung größer ist als die Neugierde und die Aussicht auf ein erfülltes Leben! Tausend Gründe fallen uns ein, warum wir etwas nicht tun sollten, wenige Gründe dagegen, es doch zu tun.

11 Wille zum Erfolg – Wie stark ausgeprägt ist Ihr Erfolgswille?

Sind Sie bereit, mehr als eine durchschnittliche 40-Stunden-Woche zu arbeiten, das heißt auch abends und am Wochenende? Flüge so zu terminieren, dass Sie nachts fliegen, um am nächsten Morgen gleich zum ersten Meeting zu erscheinen? Hochzeitstage zwar nicht zu vergessen, die Feier aber auf Sparflamme zu halten, weil Sie abends noch eine wichtige Konferenz haben? Ihren Urlaub, wenn überhaupt, so kurz wie möglich zwischen zwei Terminen zu gestalten und dabei noch Ihren Laptop mitzunehmen, um auch in Ferienzeiten online und erreichbar zu sein? Wenn Sie jetzt bei allen Aussagen zustimmend nicken, scheinen Ihr Erfolgswille und alles, was sich dahinter verbirgt, sehr ausgeprägt zu sein.

Diese Schilderung mag zwar übertrieben erscheinen, jedoch werden sich viele Menschen an Phasen erinnern, in denen sie versucht haben, sich selbst an Arbeitsleistung und Arbeitsgeschwindigkeit zu übertreffen. Vor allem Jahre der Neugründung von Unternehmen, wirtschaftlich schlechte Zeiten und auch die Aussicht auf ein Mehr an Profit zwingen beziehungsweise ermutigen Entscheidungsträger dazu, jeden Einsatz für ihr Unternehmen zu bringen. Was in Anfangs- und Krisenzeiten an Erfolgswillen von Ihnen gefordert wird, um durchzuhalten, kann Sie bei einer positiven Aussicht auch beflügeln. So sehr ein ausgeprägter Wille, „es zu schaffen", die Grundvoraussetzung für die Führung eines Unternehmens bedeutet, so sehr kann dieser Wille in gleichem Maße auch zum Fluch werden – nämlich dann, wenn die Anstrengung Ihre letzten Energiereserven aufgebraucht hat und keine Perspektive einer Änderung in Aussicht ist. *Die Folge davon ist ein* „Burn-out-Syndroms"[10] (siehe auch Kapitel I/25: „Balanced Lifestyle"); oder im umgekehrten Fall, wenn die Aussicht auf Erfolg Ihnen solche emotionalen Höhenflüge beschert, dass Sie von Ihrem Trip nicht mehr lassen können und Sie süchtig nach Erfolg geworden sind. *Das Resultat ist, dass Sie zum* „Workaholic"[11] *werden.* Letzteres erleben nicht Sie als besonders unangenehm, sondern Ihre Angehörigen, mit denen Sie kaum mehr in eine wirkliche Beziehung treten!

Meine Empfehlung

Ein ausgeprägter Erfolgswille ist unabdingbar für die Führung von Unternehmen. Um jedoch Extremsituationen – wie oben beschrieben – zu vermeiden, sollten Sie versuchen, Arbeitsleistung und Arbeitsgeschwindigkeit in „ruhigen" Phasen zu drosseln (siehe auch Kapitel I/25: „Balanced Lifestyle"). Es besteht sonst die Gefahr, dass Sie emotional ausbrennen, auf unbestimmte Dauer arbeitsunfähig werden oder Ihren familiären Rückhalt verlieren. Suchen Sie nach einer guten Balance für sich selbst und Ihre Familie!

1. Psychologischer Background

Wir Menschen greifen nach den Sternen, wenn wir uns vergewissern wollen oder dürfen, dass uns der Erfolg manches Mal mehr befriedigt als ein beschauliches Leben im Reihenhäuschen. Allerdings sollten wir von unserer Geburt an mit einem Willen ausgestattet sein, der es uns erst ermöglicht, unsere erworbenen Erfolgsstrategien auch so einzusetzen, dass aus einer anfänglichen Sehnsucht nach der Traumerfüllung eine sichere Gewissheit erwächst. Erfolgsstrategien allein verhelfen uns punktuell zur Befriedigung unserer Bedürfnisse, doch erst ein starker Wille verschafft uns einen dauerhaften Durchbruch.

2. Anleitung zur Selbstreflexion

Da Sie einige Tipps zum Thema Balanced Lifestyle in diesem Buch finden werden und im Hinblick auf dieses Thema bereits eine Unmenge an Literatur existiert, möchte ich mich an dieser Stelle darauf beschränken, Sie mit einigen Fragen zur Selbstreflexion anzuregen:

▸ Definieren Sie, was Sie als Unternehmer oder leitender Angestellter unter Erfolg verstehen.

▸ Anhand welcher Faktoren können Sie erkennen, dass Sie einen ausgeprägten Willen zum Erfolg haben?

▸ Wie hoch schätzen Sie Ihren Erfolgswillen auf einer Skala von 0 bis 100 Prozent ein?

▸ Sollten Sie die letzte Frage nicht mit einer Prozentzahl beantwortet haben, die knapp unter 100 liegt (jedenfalls im oberen Drittel der Skala), überlegen Sie, was Sie bremst! Was macht die restlichen Prozente aus?

▸ Anerkennen Sie Ihr Misstrauen, schlechte Erfahrungen und sonstige Ereignisse, die Ihren Erfolgswillen etwas bremsen. Dies wird Sie auch davor bewahren, unreflektiert Entscheidungen zu treffen, von denen Sie glauben, dass Sie dadurch finanzielle und emotionale Höhenflüge erfahren.

▸ Wenn Sie bemerken, dass Sie sich auf dieser Skala eher niedrig (60 Prozent und weniger) eingestuft haben, reflektieren Sie, was Sie dazu veranlasst, ein Unternehmen zu führen. Wenn Sie für Ihre Aufgabe nicht Feuer und Flamme sind, fragen Sie sich, weshalb Sie sich die enorme Belastung antun. Gegen den inneren Willen zu arbeiten wird irgendwann zur Qual!

▸ Haben Sie die Frage nach der Prozentzahl beantwortet, indem Sie die Skala nach oben erweitert haben (zum Beispiel 150 Prozent), ist das zwar möglicherweise kurzfristig gut für Ihr Unternehmen, aber weniger gut für Ihre Psychohygiene und Ihre Sozialkontakte.

▸ Sollten Sie zur Gruppe der Unternehmer und leitenden Angestellten gehören, die im Erfolg die einzige Sinnerfüllung sehen, bauen Sie Ihre Identität auf einen Pfeiler auf, der nie zusammenbrechen und kein natürliches Ende finden darf. Krisen und der Eintritt des Rentenalters sind und müssen ein Fremdwort bleiben, weil das Leben für Sie dann nicht mehr lebenswert erscheint. Machen Sie sich diese Gefahr bewusst!

3. Wichtig!

Erfolg, wie immer er auch definiert wird, verhilft uns zu einer größeren Zufriedenheit, wenn wir nicht den Glaubenssatz in uns tragen, dass auf Erfolg automatisch Erfolg folgen muss.

12 Qualität von Produkten, Strukturen und Prozessen – Arbeiten Sie kontinuierlich an der Verbesserung des Status quo

Strukturen und Prozesse sind in größeren Unternehmen aufgrund ihrer Komplexität der Logistik, einer großen Anzahl an differenzierten Arbeitsschritten und der Anfälligkeit computergesteuerter Anlagen sensibel für hohe Fehlerquoten. Produktionsvorgänge und die Produkte selbst sind oftmals vor allem bei Markteinführung unausgereift. Der Verbesserung von Produkten, Strukturen und Prozessen sollte daher ein besonderes Augenmerk geschenkt werden. In der Regel geschieht das in Form verschiedenster Qualitätsverbesserungsprogramme, die bestimmte Standards garantieren sollen. Vielfach erzielen diese aber nicht die gewünschten Erfolge. Die Ursachen:

» Verbesserungsprogramme gehen an der eigentlichen Realität vorbei. Zum einen ist der Abstand zwischen Management und der Basis, die mit der Erbringung einer Beratungsleistung oder Fertigung eines Produkts unmittelbar konfrontiert ist, häufig sehr groß. Daher kommt es zu keinem Wissenstransfer, der die Grundvoraussetzung für Verbesserungen darstellt. Zum anderen zeigt das Management oftmals wenig Interesse an dem eigentlichen Kerngeschäft des Unternehmens, weil es zu sehr mit sich selbst, mit der Wahrung der eigenen Stellung und mit der Politik im Unternehmen beschäftigt ist. Zentrale Fragen dabei sind, wer mit wem ein Bündnis eingehen sollte, wem gegenüber man sich auf gar keinen Fall Fehler erlauben und gegen wen man schon gar nicht opponieren sollte.

» Qualitätsverbesserungsprogramme werden vom Management zwar initiiert, jedoch als einmalige Angelegenheit betrachtet und daher nicht mehr weiter überwacht und kontrolliert. Das Management geht einfach davon aus, dass es zur punktgenauen Umsetzung kommt – nach dem Motto: „Mein Wort muss schließlich Gewicht haben." Die Praxis zeigt jedoch, dass das oft nicht der Fall ist.

➤➤ Mitarbeiter werden bei der täglichen Umsetzung von Qualitätsverbesserungsprogrammen nicht wirklich einbezogen. Sie stellen lediglich Erfüllungsgehilfen des Managements dar, übernehmen jedoch keine eigene kontinuierliche Verantwortung für das Aufzeigen und Korrigieren von Fehlern, weil das nicht erwünscht ist, was zu einem Großteil das Scheitern von gut gemeinten Programmen bedingt.

Meine Empfehlung

Die Arbeit an der stetigen Verbesserung in allen Bereichen eines Unternehmens ist eine Frage der Haltung. Wenn Ihnen Kundenzufriedenheit ein tiefes inneres Bedürfnis ist und Sie sich aus der Tradition der „Schuld- und Tadelbindung"[12] lösen können, gelingen Qualitätsverbesserungsprogramme leichter!

1. Psychologischer Background

Das Aufzeigen von Defiziten, Fehlern und Störquellen, um eine Verbesserung in einem konkreten Punkt oder Bereich zu bewirken, wird in manchen Organisationen nicht gewünscht. Häufig wird ein Hinweis auf mögliche Fehler sogar als Bedrohung erlebt, da es aufgrund einer bestimmten Sozialisation automatisch zu einer Verbindung zwischen dem Fehler, der Schuldfrage und dem zu erwartenden Tadel kommt. Diese Verknüpfung nennt man in der Psychologie die Schuld- und Tadelbindung (siehe auch Kapitel III/57: „Adäquates Beschwerdemanagement"). Menschen und somit auch Wirtschaftsunternehmen wollen sich oft nicht eingestehen, dass sie Fehler machen – obwohl dies in der Natur des Menschen liegt –, um einer Bestrafung zu entgehen. Dadurch wird der Status quo beibehalten. Die Folgen wirken sich langfristig aus, denn die Konkurrenz, die eine andere Unternehmenskultur vertritt, schläft nicht und überholt sehr oft Betriebe, die in der Tradition der Schuld- und Tadelbindung verhaftet sind. Die Begründung dafür liegt sicher darin, dass die Thematik „Fehler-Begehen" anderswo als eine große Chance der Weiterentwicklung von Mensch und Produkt gesehen wird – eine Sichtweise, die diesen Unternehmen zu Gewinnen verhilft.

2. Anleitung für die Praxis

➤➤ Holen Sie Ihre Mitarbeiter bei der Entwicklung und Umsetzung von Qualitätsverbesserungsprogrammen ins Boot. Weil sie die einzelnen Arbeitsschritte genau kennen, besitzen sie auch ein exaktes Wissen über die Defizite im Unternehmen.

▶▶ Machen Sie Ihren Mitarbeitern dabei bewusst, dass begangene Fehler keinen Weltuntergang bedeuten und diese gemeinsam getragen werden.

▶▶ Stellen Sie sich die Frage, was positiv für Sie und das Unternehmen ist, wenn Sie selbst und/oder Ihre Mitarbeiter Fehler machen.

▶▶ Sollten Sie in einem Unternehmen arbeiten, das noch in der Tradition der Schuld- und Tadelbindung steht, versuchen Sie, durch kleine Schritte herauszufinden, in welcher Form Sie Bestrafung ereilt, wenn Sie selbst einen Fehler zugeben. Wenn Ihre Ängste der Realität nahe kommen, überlegen Sie, ob ein solches Unternehmen gut für Sie ist.

▶▶ Denken Sie daran: Selbst wenn die Laufbänder Ihrer Produktion täglich mehrmals angehalten werden müssen, weil Fehler entdeckt werden, wird Ihr Kunde es Ihnen durch den Kauf eines hervorragenden Produkts danken!

Stellen Sie sich die Erarbeitung von Qualitätsverbesserungsprogrammen und deren Umsetzung als einen ewigen Kreislauf vor, der mit einem Anstoß beginnt, dann in der Umsetzung seine Fortsetzung findet und nur scheinbar in einer Rückmeldung endet, um dann erneut in einer weiteren Schleife seinen Weg zu finden (siehe auch Kapitel I/8: „Zieldefinition und Zielverfolgung“).

Zentrale Fragen, die Sie sich selbst und Ihren Mitarbeitern für jeden einzelnen Arbeitsschritt stellen könnten, sind zum Beispiel:

▶▶ Was können wir an jedem Tag in der Zukunft besser machen, sodass …?

▶▶ Was brauchen wir, um es besser machen zu können?

▶▶ Welche Rahmenbedingungen müssen dafür geschaffen werden?

▶▶ Welches Gesamtziel/Teilziel verfolgen wir mit einer Verbesserung?

▶▶ Wie schaffen wir es, dass jeder Mitarbeiter seinen Teil zur Verbesserung beiträgt?

▶▶ Wie können wir eine kontinuierliche Umsetzung garantieren?

▶▶ Wer verfolgt und überwacht den Prozess der Umsetzung?

▶▶ Wer gibt in welchem Rahmen Rückmeldung über den Umsetzungsprozess, sodass daraus wieder Schlüsse gezogen werden können?

3. Wichtig!

Ähnlich wie bei Zielfindungsprozessen ist auch hier das lineare Denken nicht gefragt, sondern ein Denken im Kreis, indem Qualitätsverbesserung als ein Prozess verstanden wird, der weder Anfang noch Ende besitzt!

13 Die Kunst der Selbstreflexion – Wissen Sie, wie Sie wirken?

Sie denken, Sie verhalten sich stets höflich und nett Ihren Mitarbeitern und Kunden gegenüber, weil Sie sie mit einem Lächeln begrüßen. Sie entscheiden entgegenkommend, wenn Ihre Mitarbeiter Sonderwünsche wie beispielsweise einen nicht eingeplanten Urlaubstag äußern. Sie übernehmen bei Betriebsausflügen großzügig das Mittagessen, während andere Unternehmen Betriebsausflüge aus Kostengründen schon längst gestrichen haben. Sie sprechen Ihren Mitarbeitern mindestens ein Mal im Jahr bei der Ansprache zur Weihnachtsfeier ein Lob aus und halten sich ansonsten auch für einen netten Kerl.

Bekanntlich decken sich aber Selbstwahrnehmung und Fremdwahrnehmung in manchen Fällen keineswegs: Was Sie als höflich und nett ansehen, halten Ihre Mitarbeiter für ein Mindestmaß an gutem Benehmen. Was Sie als Sonderwunsch nach einem Urlaubstag bezeichnen, ist der Rechtsanspruch von Mitarbeitern auf gesetzlichen Urlaub. Sie meinen, die Bezahlung des Mittagessens für den gesamten Mitarbeiterstamm beim Betriebsausflug sei eine herausragende Leistung Ihrerseits; Ihre Mitarbeiter denken, dass bei den vorhandenen immensen Firmenumsätzen nicht nur das Essen, sondern auch eine kleine Reise gesponsert werden könnte. Und einmal jährlich reichlich Lob und Anerkennung auszusprechen ist aus Ihrem Blickwinkel heraus möglicherweise viel, in der Praxis aber zu wenig, um auf Dauer die Motivation von Mitarbeitern zu erhalten.

Sie selbst sehen sich als einen großzügigen, auf Mitarbeiterbedürfnisse eingehenden und serviceorientierten Unternehmer. Ihre Umgebung hält Sie jedoch vielleicht für kleinkariert, wenig mitarbeiterfreundlich, geizig und nur am Unternehmensgewinn orientiert.

Wie kommt es, dass zwischen Ihrer eigenen Wahrnehmung und der Ihres Umfeldes so ein eklatanter Unterschied herrscht?

Wir Menschen nehmen ein und dieselbe Situation unterschiedlich wahr, weil wir unterschiedliche Meinungen von der Wirklichkeit haben. Aus dem jeweiligen Blickwinkel einer Person heraus rufen bestimmte Ereignisse, Situationen, Gegebenheiten etc. bestimmte Gefühle und damit verbundene Bewertungen hervor. Und jedes Gefühl hat für diese Person einen für sie wirklichen Charakter! Im beruflichen Alltag und auf der zwischenmenschlichen Beziehungsebene Unternehmer – Mitarbeiter – Kunde bedeutet dies, dass Ihre Verhaltensweisen völlig anders interpretiert werden, als Sie eigentlich denken, was zu gravierenden Missverständnissen und Konflikten führen kann. Vor allem die Frage „Welche Außenwirkung will ich als Unternehmen erzielen?" hängt davon ab, wie Sie sich und das Unternehmen auf verschiedenen Ebenen darstellen. Hier wäre es ganz hilfreich, wenn Sie wüssten, welche Wirkung Sie mit welchen Verhaltensweisen erzielen!

Meine Empfehlung

Versuchen Sie sich in der Kunst der Selbstreflexion! Welche Verhaltensweisen und welche Vorgehensweisen bewirken was bei wem? Wenn Sie unsicher sind, fangen Sie an zu erfragen, was Sie womit auslösen. Sie werden erstaunt sein über die Rückmeldungen, die Sie bekommen.

1. Psychologischer Background

Sich selbst adäquat einschätzen zu können setzt einen Erkenntnisprozess voraus, bei dem Sie durch das Feedback eines Gegenübers ein bestimmtes Wissen darüber erlangt haben, welche Verhaltensweisen und Persönlichkeitseigenschaften welche Reaktionen auslösen. Menschen, die im Non-Profit-Bereich arbeiten, haben oftmals im Rahmen ihrer Ausbildung Selbsterfahrungsprozesse durchlaufen, weil davon ausgegangen wird, dass in diesen Organisationen eine Kenntnis der Eigenanteile am Beziehungsgeschehen unabdingbar ist.

In wirtschaftlichen Systemen fehlt diese Erkenntnis zu einem Großteil, da nicht das Beziehungsgeschehen zwischen Unternehmer – Kunden – Mitarbeitern im Fokus der Aufmerksamkeit steht, sondern die Gewinnmaximierung. Diese stellt jedoch das Resultat eines gelungenen Beziehungsgeschehens dar, womit wir wieder bei der Selbsterfahrung und Selbstreflexion von Entscheidungsträgern wären. Der Akt der Selbstreflexion und das Wissen um eigene – vor allem emotionale – Defizite können hilfreich sein, wenn Sie daraus resultierende Verhaltensweisen im Sinne des Unternehmens einsetzen und nicht gegen das Unternehmen!

2. Anleitung für die Praxis

Die Frage, die Sie sich bei diesem Thema stellen sollten, betrifft Ihre eigenen Verhaltensweisen und -muster, Charaktereigenschaften und sonstigen Angewohnheiten, die im Kontakt mit Kunden und Mitarbeitern mehr Ablehnung und Ressentiments hervorrufen als Sympathie und Respektbekundungen:

▸ Erfragen Sie die Wirkung Ihrer Verhaltensweisen bei Freunden, guten Bekannten oder auch Unternehmerkollegen, von denen Sie sicher wissen, dass diese Sie sehr schätzen.

▸ Beobachten Sie Kunden und Mitarbeiter, wenn Sie mit Ihnen in Kontakt treten, und ziehen Sie daraus Ihre Schlüsse:

▸ Freut man sich, wenn man mit Ihnen zu tun hat? Oder ist eher das Gegenteil der Fall?

▸ Haben Sie während eines Gesprächs das Gefühl, dass Ihr Gegenüber Sie lieber aus der Ferne betrachten würde, als mit Ihnen in eine Kommunikation verwickelt zu sein?

▸ Bleibt der Platz neben Ihnen immer leer oder sucht man Ihre Gesellschaft?

▸▸ Suchen Sie sich vertraute Personen im Unternehmen, zum Beispiel Ihre Assistentin, die Sie sowieso am besten von allen kennt, und bitten Sie um Rückmeldung anhand konkreter Beispiele!

▸▸ Erbitten Sie in Mitarbeitergesprächen ein fachliches Feedback in Bezug auf Ihre Person, sofern Sie das Gefühl haben, Sie könnten eine ehrliche Antwort erhalten.

▸▸ Ersuchen Sie einen wohlgesinnten Unternehmer, dem Sie vertrauen können, um Rückmeldung zu Ihrer Person.

▸▸ Selbsterfahrungsseminare und Kommunikationstraining können Ihnen helfen, Ihre Eigenheiten auf einer professionellen Ebene zu erkennen und daraus Handlungsalternativen zu erarbeiten.

14 Kommunikationsbarrieren – Bauen Sie Hindernisse ab!

Für Ihre Mitarbeiter sind Sie auch in dringenden Angelegenheiten nicht persönlich zu erreichen. Sie haben stets einen wichtigen Termin, Ihr Handy ist ausgeschaltet oder Sie befinden sich auf nicht absehbare Zeit außer Haus. Ihre Kunden rufen Sie erst nach mehrmaliger Aufforderung zurück und schriftliche Eingaben werden erst nach Wochen beantwortet. Im direkten Gespräch halten Sie lieber großen räumlichen Abstand zu Mitarbeitern und Kunden. Sie sitzen entweder hinter Ihrem überdimensional großen Schreibtisch oder am Kopf eines langen Besprechungstisches. Direkten Blickkontakt zu halten fällt Ihnen schwer; überhaupt lassen Sie sich ungern bei länger andauernden Verhandlungen auf Menschen ein. Das macht Sie nervös und daher finden Sie immer einen passenden Grund, warum Sie sich früher verabschieden müssen. Trifft dies oder ein Teil davon auf Sie zu?

Die Liste von sogenannten Kommunikationsbarrieren und Hindernissen für Ihr Gegenüber auf nonverbaler Ebene würde sich beliebig lange fortsetzen lassen. Solches Verhalten wirkt aus der Sicht von Mitarbeitern und Kunden zunächst einmal unhöflich. Sie zeigen damit schlechte Manieren, sind wenig serviceorientiert oder werden als distanziert eingestuft. Als Reaktion erzeugen Sie beim Gegenüber Gefühle, die von Frustration bis Aggression reichen und irgendwann in den Bereich der Resignation übergehen. Man wendet sich nicht mehr an Sie, weil sich schon die Kontaktaufnahme als schwierig gestaltet und jede weitere Aufforderung zu Gesprächen kaum Resultate zeigt. Geschäfte mit Ihnen zu machen ist ein langwieriger und mühsamer Prozess, da Ihr distanziertes Verhalten das Gegenüber wenig dazu einlädt, sich mit Ihnen auseinanderzusetzen. Ihre Mitarbeiter tauchen ab und machen Dienst nach Vorschrift und Ihre Kunden suchen sich einen mehr entgegenkommenden und auf ihre Bedürfnisse eingehenden Unternehmer: *Sie sind raus aus dem Geschäft!*

Der Aufbau von besonders auffälligen Kommunikationsbarrieren emotionaler und räumlicher Art ist Ausdruck einer inadäquaten Beziehungsgestaltung, die im unternehmerischen Berufsalltag drastische Konsequenzen hat. Die Gründe hierfür können vielfältiger Natur sein. Sie reichen von „Nicht festgelegt werden zu wollen", „Angst vor den Konsequenzen oder vor emotionaler Nähe – auch wenn es sich nur um Geschäftskontakte handelt", „Desinteresse an den Wünschen und Bedürfnissen anderer", „Gefühlen der Überforderung" bis zu massiven Abgrenzungsproblemen wie „Angst vor dem Verschlungen-Werden durch ein Gegenüber".

Meine Empfehlung

Sollten Sie gehäuft an sich solche Verhaltensweisen entdecken, rate ich Ihnen dringend, sich aus dem direkten Mitarbeiter- und Kundenkontakt herauszuhalten, da eine gelungene Kommunikation die Basis für gute Geschäfte darstellt. Delegieren Sie diese Tätigkeitsfelder!

1. Psychologischer Background

Die Art und Weise, wie wir (non-)verbal miteinander kommunizieren, erlernen wir bereits in unserer frühesten Kindheit. Hier dienen uns die Eltern als Vorbilder, anhand deren wir Kommunikationsmuster adäquat erlernen oder auch nicht (siehe auch Kapitel III/55: „Kongruente Kommunikation")! Sowohl die positiven wie auch die defizitären Kommunikationsformen der Elterngeneration übertragen sich auf die Kinder. Wenn wir nun im Laufe unserer Sozialisation durch Schule, Freunde oder auch Frühförderung unsere unter Umständen bereits auffällige und vielfach als eigenartig bezeichnete Kommunikation nicht verbessern, behalten wir sie ein ganzes Leben – vorausgesetzt, wir schaffen später nicht selbst Abhilfe.

2. Anleitung für die Praxis

Einzelne Aspekte von Kommunikationsmustern, die Ihr Gegenüber als Kommunikationsbarriere erlebt, können Sie auf einfache Weise korrigieren, indem Sie für sich selbst ein paar Regeln aufstellen, nach denen Sie Ihre Geschäftsbeziehungen gestalten:

▸▸ Hinterlassen Sie in Ihrem Unternehmen, wo und wie Sie für welche Kunden/Mitarbeiter beziehungsweise aufgrund welcher Vorkommnisse Sie zu erreichen oder zu informieren sind. Sie demonstrieren damit Interesse.

▸▸ Schaffen Sie eine Arbeitsatmosphäre durch eine adäquate Sitzordnung: am besten im Kreis oder in einer kreisähnlichen Runde (siehe auch Kapitel II/42: „Umgang mit Störungen"). Sie kreieren dadurch auch ein Gefühl der Gemeinsamkeit, selbst wenn inhaltlich manches Mal noch darum gerungen werden muss.

▸▸ Legen Sie für Besprechungen einen genauen Zeitrahmen fest, der alle Inhalte abdeckt und Ihnen trotzdem die Möglichkeit gibt, sich bis zum Ende auf die Teilnehmer zu konzentrieren.

▸▸ Wenn Sie dazu neigen, schriftliche Eingaben sehr spät zu beantworten, senden Sie einen Standardbrief an den Kunden mit der Bitte um Geduld und einer Zeitangabe für die Bearbeitung.

▸▸ Gleiches gilt für telefonische Rückrufe. Beauftragen Sie Ihre Sekretärin mit einem Rückruf und der Bitte um Geduld sowie einer Zeitangabe, wenn Sie sich im Moment außerstande sehen, diesen Rückruf zu erledigen.

3. Wichtig!

Aus der Art Ihrer Kommunikation zieht Ihr Gesprächspartner Rückschlüsse, wie Sie zu ihm stehen. Dementsprechend kann eine für beide Seiten fruchtbare Geschäftsbeziehung zustande kommen! Zeigen sich bei Ihnen Tendenzen zu verschiedenen Kommunikationsbarrieren, nehmen Sie professionelle Hilfe in Form von Coaching oder Kommunikationstraining in Anspruch: Bis zu einem bestimmten Grad können Sie durch Bewusstwerdung und Training Ihre Defizite abbauen.

15 Förderung von Offenheit – Machen Sie transparent, was Sie tun und warum Sie es tun

Sie ertappen sich dabei, dass Sie Ihren Mitarbeitern gegenüber wichtige Informationen wie die Umstrukturierung des Unternehmens, Rationalisierungsmaßnahmen, neue Unternehmensziele und so weiter zurückhalten, unpräzise formulieren oder in einer abgeänderten Version weitergeben. Der Grund ist: Sie empfinden Offenheit und Transparenz als Bedrohung, denn konkrete Aussagen Ihrerseits könnten unangenehme Folgen nach sich ziehen, zum Beispiel dass Sie eines Fehlers bezichtigt oder auf Versprechungen festgelegt werden, die Sie möglicherweise wieder revidieren müssen. Dadurch fühlen Sie sich unter Druck gesetzt, denn Ihnen ist bewusst, dass auf Worte auch Taten folgen müssen. Das stellt sich aber vielleicht als nicht realisierbar heraus oder bedeutet gar zu viel Aufwand für Sie. Zu viel Offenheit, denken Sie, führt zu vielen Konflikten, denen Sie sich nicht gewachsen fühlen. Auf einer unbewussten emotionalen Ebene haben Sie Angst vor Konfrontationen, kollektiver Bestrafung, „Liebesentzug" durch Mitarbeiter, Kunden, Geschäftspartner und so weiter. Dies könnte wiederum Auswirkungen auf Ihren Erfolg haben.

Sie haben sich daher angewöhnt,

» *keine konkreten Aussagen zu machen* (nach dem Motto: „Es gibt Menschen, die reden viel und sagen nichts");

» *möglichst unklar und diffus zu kommunizieren* („In jede Richtung interpretierbar");

» *Gesprochenes im Nachhinein zu verdrehen* („Das habe ich nie gesagt!").

Diese Strategien haben Sie sich aus den genannten Gründen irgendwann – in der Regel unbewusst – antrainiert und praktizieren diese im Kontakt mit Ihren Mitarbeitern und Kunden auch weiter. Klar sein muss Ihnen dabei auf jeden Fall, dass Sie mit einer solch unklaren und verdrehten Kommunikationsform zu niemandem vertrauensvolle Arbeits- und Geschäftsbeziehungen eingehen können. Vertrauen bildet jedoch die Grundlage jeder Beziehung – unabhängig davon, ob es sich um eine private oder berufliche Beziehung handelt.

Ist Ihnen bewusst, dass Ihre Mitarbeiter Ihnen vertrauen, indem sie für Sie arbeiten, und Ihre Kunden Ihnen vertrauen, indem sie Ihre Produkte kaufen oder Ihre Dienstleistung in Anspruch nehmen?

Aufgrund dieser Tatsache können Sie von Mitarbeitern und Kunden kaum Entgegenkommen und Wohlwollen erwarten. Sollten Sie daher keine besonderen unternehmerischen Erfolgsstrategien verfolgen und keine Marktlücke entdeckt haben, die Ihnen den großen Umsatz bringen wird, ist es sehr wahrscheinlich, dass Ihr Unternehmen in die Krise geraten wird.

Meine Empfehlung

Transparenz und Offenheit erfordern zunächst Mut und Geduld von Ihnen. Mut, um einen Gruppenzwang oder eine gesellschaftliche Norm zu überwinden; Geduld, weil es sich um einen längerfristigen Prozess handelt. Verlieren Sie deshalb nicht die Geduld mit sich selbst, wenn Sie nicht – beziehungsweise noch nicht – den Mut aufbringen können, den Sie selbst von sich erwarten würden!

1. Psychologischer Background

Wir alle neigen dazu, uns mehr oder weniger durchs „Leben zu manövrieren". Einer der schwierigsten Lernprozesse scheint zu sein, dass wir zu uns selbst stehen können. Die Angst, dass wir aus einer Gruppe, Gemeinschaft, Organisation und so weiter herausfallen, weil wir ungeschriebene Gesetze und Regeln verletzen, hält uns nämlich in der Regel davor zurück, uns so zu zeigen, wie wir sind. Jedoch ist es nicht nur die Angst vor Sanktionen, die uns verbiegt, sondern die Furcht vor dem Liebesentzug und die darauf folgende Einsamkeit, von der wir glauben, dass sie mit Sicherheit eintreten wird und dass wir an ihr zerbrechen werden. Beides muss aber, wenn wir es einer genauen Überprüfung unterziehen, nicht der Realität entsprechen!

2. Anleitung für die Praxis

Mut und Geduld lassen sich nicht verordnen. Sie werden vor allem bei schwierigen Gesprächen in der Praxis durch Erprobung und durch die Antwort beziehungsweise Reaktion Ihres Gegenübers die Erfahrungen machen, die Sie mutiger werden lassen. Einige Anregungen könnten Ihnen dabei helfen, jetzt damit anzufangen:

▸▸ Bereiten Sie Gespräche vor, indem Sie sich überlegen, wie Sie etwas formulieren. Machen Sie Notizen, wenn es Ihnen schwerfällt, Ihre Gedanken zu ordnen und sie zu behalten.

▸▸ Führen Sie Gespräche nie zwischen Tür und Angel, nehmen Sie sich Zeit dafür!

▸▸ Machen Sie Ihr Handeln für andere nachvollziehbar und erklärbar, indem Sie es immer mit Sachargumenten untermauern.

▸▸ Versuchen Sie, Gespräche in einem möglichst neutralen Ton auf neutralem Boden zu führen. Führen Sie grundsätzlich Gespräche mit Konfliktpotenzial in dafür vorgesehenen Besprechungsräumen. Sie signalisieren durch den Ruf eines Mitarbeiters in Ihr Büro (= Ihr Territorium) sofort ein Gefälle. Dieses ist selbstverständlich immer vorhanden, in nicht vom Chef besetzten Räumlichkeiten aber weniger spürbar. Das kann die Gesprächsatmosphäre entscheidend erleichtern.

▸▸ Teilen Sie Entscheidungen immer auf direktem Weg und persönlich mit. Telefon, E-Mail, Rundschreiben oder die Überbringer schlechter Nachrichten dienen zwar als gängige Kommunikationsmittel, sind jedoch keine vertrauensbildenden Maßnahmen, da es hierbei in der Regel keine Möglichkeiten eines Diskurses gibt. Bedienen Sie sich entweder der Mitarbeiterversammlungen, Ihrer Abteilungsleiter oder anderer Entscheidungsträger, welche die Informationen weitergeben.

▸▸ Üben Sie vorsichtig und in kleinen Schritten. Zu schnelle und zu große Veränderungen lösen Angst aus, zumal Sie zu Beginn möglicherweise Einzelkämpfer sind, was wiederum Abwehrmechanismen bei Ihnen hervorrufen könnte. Es wäre schade, wenn Sie dadurch Ihr Projekt fallen lassen müssten.

▸▸ Überlegen Sie sich vor dem Gespräch, was schlimmstenfalls eintreten könnte (= Worst-Case-Szenario).

▸▸ Suchen Sie sich im Unternehmen ein für Sie unangenehmes Thema und einen Gesprächspartner, von dem Sie denken, dass er Ihnen wohlgesinnt ist. Versuchen Sie herauszufinden, welche Wirkung Sie mit Offenheit erzielen, indem Sie die Reaktionen beobachten und um eine Rückmeldung bitten! Überprüfen Sie, inwieweit die eingetretene Reaktion Ihren schlimmsten Befürchtungen entsprochen hat.

▸▸ Üben Sie dann an Personen, von denen Sie wissen, dass sie heftiger reagieren werden als Ihre vorhergehenden „Versuchskaninchen". Machen Sie sich bewusst, dass Ihre Existenz niemals wirklich abhängig ist von der Konsequenz, die Ihre Verhaltensweisen nach sich ziehen könnten.

3. Formulierungshilfe für die Praxis

Unliebsame Entscheidungen, wie etwa die Umstrukturierung des Unternehmens, verbunden mit der Auflösung von einzelnen Abteilungen, könnten Sie im direkten Kontakt mit Ihren Mitarbeitern so oder ähnlich formulieren:

▸▸ Aufgrund der miserablen Erträge im letzen und vorletzten Jahr, Sie kennen die Zahlen und diese können von Ihnen auch jederzeit eingesehen werden, sind wir (die Leitung, Fachleute des Unternehmens …) zur Überzeugung gelangt, dass eine Schließung der Abteilung X und Y unumgänglich ist …

▸▸ Wir haben folgende strukturelle Veränderungen geplant …

▸▸ Warten wir weiter auf einen Konjunkturaufschwung, kann das den finanziellen Ruin bedeuten. Da wir jetzt schon sagen können, dass wir mit den derzeitigen Einnahmen in rund x Monaten/Jahren Schwierigkeiten haben werden, Gehälter auszuzahlen, müssen wir …

» Dies bedeutet für Sie im Einzelfall, dass es vorerst nicht zu Kündigungen kommen wird …

» Wir setzen auf natürlichen Abgang, Altersteilzeit, die Möglichkeit der Versetzung in andere Zweigstellen und auf lukrative Abfindungen, Verzicht auf Gehaltserhöhungen …

» Wir werden mit jedem Einzelnen von Ihnen ins Gespräch kommen, um mit Ihnen Alternativen (entweder zum Verbleib oder zum sozialverträglichen Ausscheiden aus dem Unternehmen) zu erarbeiten …

» Wir hoffen auf eine gute Kommunikationsbasis mit Ihnen: Wir werden auf jeden Fall unseren Teil dazu beitragen.

4. Wichtig!

Mitarbeiter müssen erkennen, dass Sie einen ehrlichen und offenen Umgang mit ihnen pflegen. Dann sind sie auch bereit, Zugeständnisse zu machen, die sie sonst nicht akzeptieren würden.

16 Umgang mit Zeit – Sie haben mehr Zeit, als Sie denken!

Vor allem wenn Sie als angestellte Führungskraft arbeiten, wird Ihr Tagesablauf sehr oft von anderen bestimmt: Sie hetzen von einem Termin zum nächsten, von einem Kundengespräch zu einem Mitarbeitergespräch, von einem Beratungsgespräch zu einem Konfliktgespräch; Ihr Mittagessen nehmen Sie, wenn überhaupt, im Stehen beim Bäcker ein. Ihre Nächte verbringen Sie auf Transatlantikflügen; Ihre E-Mails beantworten Sie in der Regel um Mitternacht und Ihre Bettlektüre ist der Entwurf eines Angebots an einen Großkunden. Sie meinen, Sie müssten schneller und effizienter arbeiten als alle anderen, denn die Konkurrenz schläft nicht. Und alle anderen denken das auch. Darum sind Sie ständig gehetzt. Das Ergebnis ist, dass Sie kaum Zeit finden, Ihre eigentliche Arbeit zu erledigen!

Ein Beispiel: Inhaltlich sind Sie damit beschäftigt, dem Vorstand zu erklären, warum Sie in der Angelegenheit x diese Entscheidung und nicht eine andere treffen wollen. Für die Formulierung der entsprechenden E-Mail – sprich Ihrer Rechtfertigung – benötigen Sie vier Stunden (*schließlich wollen Sie nicht mit einer nicht unternehmenskonformen Aussage Ihre Karriere gefährden*). Weitere vier Stunden benötigen Sie dann, um die rund 70 anderen E-Mails zu lesen, die Sie täglich bekommen – *schließlich könnte ja auch eine so wichtig sein, dass eine Nichtbeantwortung oder Nichtbearbeitung für Sie weitreichende Konsequenzen haben könnte!* Es gehört nun einmal zum Alltag, dass Sie für einen Großteil der empfangenen E-Mails eigentlich nicht zuständig sind. (*Sie werden nur permanent angeschrieben, weil alle glauben, Sie wären der Einzige, der offene Fragen beantworten kann, und Sie beantworten sie auch, weil Sie ein hilfsbereiter Mensch sind.*)

Die restlichen vier Stunden des Tages sitzen Sie mit dem Vorstand und anderen Geschäftsführern in einem Meeting. Sie langweilen sich, sind müde, denn die langen Monologe Ihres Chefs und die späte Stunde – es ist bereits 19 Uhr – haben Sie schläfrig gemacht. Ihre Meinung ist nicht gefragt, obwohl Sie als Prokurist formal Entscheidungsträger sind. Firmenrelevante Entscheidungen werden anderswo getroffen. Sie haben an diesem Tag zwölf Stunden gearbeitet, aber wenig zur Erreichung der Unternehmensziele beigetragen, weil Sie keine Zeit dafür hatten.

Im Endeffekt bedeutet dies: Sie füllen Ihren Arbeitstag mit der Erledigung von Angelegenheiten, die dazu dienen, Ihre Position zu festigen, firmenkonform zu handeln, sich keine Feinde zu machen und die Selbstbeweihräucherung Ihres Chefs anzuhören. Sie und alle anderen ziehen dadurch dem Unternehmen wertvolle Zeit ab, die der Kunde bezahlt, ohne einen Gegenwert dafür zu bekommen.

Meine Empfehlung

Überlegen Sie, wie viel Zeit Ihnen zur Verfügung stünde, wenn Sie aufhören würden, es jedem recht machen zu wollen, und die Hoheit über Ihre Zeit zurückeroberten.

1. Psychologischer Background

Auch wenn dies von außen betrachtet anders erscheinen mag, werden die Ziele eines Unternehmens vielfach erst in zweiter Linie verfolgt. Im Zentrum der Aufmerksamkeit steht vor allem in Mittel- und Großbetrieben die Absicherung des eigenen Arbeitsplatzes und des beruflichen Aufstiegs – sprich die Karriereentwicklung. Das System und die Mitglieder arbeitet/en in erster Linie zur Eigenerhaltung. Und um dies in einem hohen Maße zu gewährleisten, versuchen Mitarbeiter sehr schnell herauszufinden, was sie sich bei wem warum nicht erlauben dürfen, und machen dann diese Erkenntnisse zum Inhalt ihres täglichen Arbeitspensums. Die Angst vor dem Arbeitsplatzverlust oder einem Karriereknick sitzt tief. Weiter kommt nur der, der die unausgesprochenen Regeln des Unternehmens getreu verfolgt, keine oder wenig Widerstände zeigt und seine spärliche Freizeit noch spärlicher werden lässt. Ein skurriles Detail am Rande: Wer wirklich Karriere macht, beruht oft auf einer willkürlichen Entscheidung oder ist vom Zufall bestimmt, weil plötzlich eine Stelle frei wird, die es schnell zu besetzen gilt. Die Mühe der Angepassten ist also häufig umsonst!

2. Anleitung zur Selbstreflexion

▸▸ Versuchen Sie sich vorzustellen, wie Ihr Tag aussehen würde, wenn Sie
  ▸ nur noch E-Mails beantworteten, die auch wirklich Sie betreffen,
  ▸ E-Mails so formulierten, dass sie „nur" formal und inhaltlich den Anforderungen Ihrer Arbeitsstelle gerecht werden,
  ▸ Ihre E-Mails nur noch nach Prioritäten abarbeiteten,
  ▸ Ihren Arbeitstag grundsätzlich spätestens um 19 Uhr beendeten,
  ▸ überflüssige Meetings, die Sie nur am Rande betreffen, entweder nach Ihrem Beitrag verlassen oder wegen Arbeitsüberlastung sogar ausfallen lassen würden.

▸▸ Wie würden Sie sich fühlen, wenn Sie es schaffen würden, alle aufgezählten Punkte und vielleicht sogar noch mehr umzusetzen?

▸▸ Wie groß, denken Sie, wäre der reale Schaden für das Unternehmen und auch für Sie, wenn Sie „anders" arbeiten würden?

▸▸ Was hat Sie bisher davon abgehalten, selektiv zu arbeiten, Prioritäten zu setzen und Freizeit einzuplanen?

▸▸ Wie groß wäre der Gewinn für Sie, wenn Sie „anders" arbeiten würden?

▸▸ Was denken Sie, inwieweit die Erledigung firmenrelevanter Aufgaben in Ihrem Unternehmen gewollt ist? Ist es vielleicht sogar gewünscht, dass Sie für wichtige Dinge keine Zeit haben?

▸▸ Seien Sie sich dessen bewusst, dass die Arbeitsqualität, die Sie erbringen, selbst wenn Sie sich nicht in allen Dingen unternehmenskonform verhalten, ein hohes Gut darstellt.

3. Wichtig!

Unternehmen wie oben beschrieben „funktionieren" mit Mitarbeitern, die es aufgrund ihrer Sozialisation gewöhnt sind (und es daher auch gut ertragen), in emotionalen Abhängigkeiten zu leben. Die persönliche Entwicklung von Menschen zur Unabhängigkeit, zu freigeistigem Denken und Selbstbestimmtheit ist in solchen Strukturen oft nicht erwünscht und wird daher auch selten gefördert.

17 Arbeit und Wohlbefinden – Gönnen Sie sich Freude am Job!

Sie bemerken, dass Sie morgens immer schwerer aus dem Bett kommen, dass Sie keine Freude empfinden und keine besonderen Erwartungen an Ihren bevorstehenden Arbeitstag haben. Sie kommen schon schlecht gelaunt in Ihre Firma und der Erste, der Ihnen über den Weg läuft, dient Ihnen als Opfer, das Sie anschnauzen, ohne dass es eigentlich einen Grund dafür gibt. Der Tag verläuft so, wie er begonnen hat. Ihre Stimmung verbessert sich auch nicht, als Sie Ihre erfreulichen monatlichen Umsatzzahlen in die Hand bekommen. Spätestens jetzt könnte in Ihnen so etwas wie Freude aufkommen! Stattdessen tragen Sie Ihre schlechte Stimmung in den Abend hinein, um dann abschließend festzustellen, dass es ein schlechter Tag war – wie jeder Tag in den letzten Monaten. Wenn Sie sich die Zeit nehmen würden, über die täglichen Ereignisse in Ruhe nachzudenken, müssten Sie erkennen, dass Sie die eigentliche Ursache für Ihre Stimmung nicht konkret benennen können. Sie haben einfach keine Freude mehr an Ihrer Arbeit! Und diese Tatsache lassen Sie Ihre Mitarbeiter bei jeder Gelegenheit spüren.

Betriebliche Hemmnisse, welche die persönliche Leistungsfreude von Unternehmern und ihren Mitarbeitern verringern, sind in der Regel Faktoren, die bis zu einem bestimmten Grad auch von ihnen selbst gesteuert werden können. Ein hohes Maß an Eigenverantwortung in Bezug auf Arbeitsinhalte und Arbeitszeiten, ein gutes Arbeitsklima, sichtbare Arbeitserfolge, ein Gleichklang zwischen dem persönlichen Interesse und der Aufgabenstellung sowie eine gute Balance zwischen anspruchsvollen Aufgaben und Routinetätigkeiten stellen die Grundvoraussetzungen für Leistungsfreude dar. Diese sind aber nicht als Voraussetzungen einer Arbeitsstelle anzusehen. Es liegt an Ihnen als Arbeitgeber, Faktoren, wie oben genannt, innerhalb eines vorgegebenen Rahmens zu schaffen, und es liegt an jedem einzelnen Mitarbeiter, an der Gestaltung dieser Faktoren selbst aktiv mitzuarbeiten.

Denn Freude an der Arbeit zieht Erfolg an!

Die Freude, bestimmte Dinge zu tun – privat oder/und beruflich –, setzt Energien frei und ermöglicht damit Erfolge, von denen Sie bisher gedacht haben, dass nur andere sie erringen könnten. Empfinden Sie Freude, stehen Sie morgens beschwingt auf, treten Sie Ihren Mitmenschen freundlich und zugewandt gegenüber und beenden den Tag mit der Überzeugung, dass es ein guter Tag war!

Meine Empfehlung

Damit Sie und Ihre Mitarbeiter Freude an der Arbeit empfinden können, müssen Sie an sich und an den Rahmenbedingungen für das ganze Team arbeiten. Gelingt dies nicht, ist eine Trennung beziehungsweise die Aufgabe einer bestimmten Tätigkeit im Sinne des Unternehmens unabdingbar. Sie fügen sonst dem Unternehmen mehr Schaden zu, als Ihnen der Einsatz der einzelnen Arbeitskraft bringt. Leistungsfreude steht in direktem Zusammenhang mit Engagement, Motivation, freiwilliger Übernahme von zusätzlichen Tätigkeiten, herausragenden Arbeitsergebnissen ...

1. Psychologischer Background

Die Fähigkeit, Freude über scheinbar kleine Dinge und über das Leben an sich zu empfinden, wird manchen Menschen in die Wiege gelegt. Andere tun sich sehr viel schwerer, sich den schönen Dingen des Lebens hinzugeben. Sie sehen den Alltag an als etwas, das mit Mühe und Plage verbunden ist, und verarbeiten negative Ereignisse destruktiv. Gefühle wie Glück, Freude und innere Zufriedenheit lassen sich jedoch durch die Veränderung von Rahmenbedingungen und durch eine positivere Einstellung auch von innen heraus generieren. Grundvoraussetzung dabei ist, dass der Leidensdruck unerträglich wird und wir den manchmal fast lieb gewonnenen Zustand verbessern wollen: Die Lust am Leiden muss zur Unlust werden!

2. Anleitung zur Selbstreflexion

Wenn Ihnen die Lust am Arbeiten im wahrsten Sinne des Wortes vergangen ist, so muss sich etwas im Verlauf der Berufsjahre verändert haben: Sie sind mit Ihrer eigentlichen beruflichen Aufgabe, den Rahmenbedingungen, den Mitarbeitern oder den Kollegen nicht mehr einverstanden. Es ist Zeit für eine Veränderung! Finden Sie heraus, was sich ändern soll:

▸ Was hat sich in Ihrem beruflichen Leben so verändert, dass Sie im Moment keine Freude mehr empfinden?

▸ Versuchen Sie, dies möglichst klar zu formulieren! Vielleicht sind es auch mehrere Faktoren, die Ihre derzeitige Stimmung beeinträchtigen.

▸ Was muss sich an Ihrer Arbeit verändern, dass Sie wieder mit Freude dabei sind?

▸ Was brauchen Sie, um diese Veränderung realisieren zu können?

▸ Wer – außer Ihnen – kann innerhalb oder außerhalb des Unternehmens etwas zu dieser Veränderung beitragen?

▸▸ Bis zu welchem Zeitpunkt wollen Sie eine Änderung herbeigeführt haben?

▸▸ Wenn Sie Ihre Lage als aussichtslos empfinden und eine Veränderung nicht machbar erscheint, gilt es,

    ▸ entweder Ihre Haltung zu den von Ihnen kritisierten Faktoren zu verändern oder

    ▸ sich mit dem Thema der Trennung von Ihrer Tätigkeit/dem Unternehmen auseinanderzusetzen.

3. Wichtig!

In Lebensphasen, in denen eine Trennung (beruflicher oder auch privater Natur) das vorherrschende Thema ist, müssen Sie sich viel Zeit zum Nachdenken und zum Finden der für Sie optimalen Lösung nehmen. Die zentrale Frage ist dabei die nach dem Gewinn, vor allem in emotionaler Hinsicht: Empfinden Sie keine Freude mehr an der Führung Ihres Unternehmens, weil Sie zum Beispiel unter den wirtschaftlich schwierigen Zeiten leiden, ist zu analysieren, welchen Gewinn Sie hätten, wenn Sie trotz der momentanen Probleme weitermachen würden.

18 Kreative Nutzung der eigenen Macht – Führen Sie und lassen Sie sich führen

Sie sind als Unternehmer, Geschäftsführer oder auch Abteilungsleiter in einer mächtigen Position, da Sie einer bestimmten Anzahl von Mitarbeitern die Lebensgrundlage sichern und helfen, deren Familien zu ernähren. Auf der emotionalen Ebene tragen Sie durch Anerkennung und Wertschätzung, durch Statussymbole und Aufstiegsmöglichkeiten zur Bedürfnisbefriedigung bei. Sie bieten finanzielle Sicherheit und für viele Arbeitnehmer auch die Möglichkeit, ihren Sinn im Leben zu finden. Sie besitzen Macht und Autorität, weil Sie kraft Ihrer Funktion etwas bewirken und Ihr Handeln Wirkung zeigt. Sie üben Einfluss aus, indem Sie sich Wissen aneignen und dieses Wissen auch weitergeben. Der Prozess der Wissensaneignung wird dadurch möglich, dass Sie sich von anderen führen lassen!

Daraus kann der Schluss gezogen werden:
Nur wer sich führen lässt (im Prozess des Wissenserwerbs),
kann auch führen (indem er das erworbene Wissen weitergibt)!

Lernprozesse, die Sie unweigerlich als Entscheidungsträger in einem Unternehmen täglich machen, sind Prozesse, die immer im Zusammenspiel mit anderen Menschen ablaufen: mit Privatkunden und Firmenkunden, mit Mitarbeitern und Kollegen, mit Trainern und Beratern, mit Personal von Weiterbildungseinrichtungen und so weiter. Diese beinhalten zum Teil den Erwerb an Fachwissen und zu einem hohen Prozentsatz den Erwerb von Wissen, das Sie in die Lage versetzt, Mitarbeiter zu führen, Prozesse zu initiieren, Strukturen zu schaffen und den Markt zu erobern. Vor allem Letzteres ist kein Wissen, das Sie an einer Universität oder an einer anderen Bildungseinrichtung erwerben können. Sie lernen hier nur durch Erfahrung, durch Versuch und Irrtum! In beiden Fällen sind Sie jedoch auch auf ein Gegenüber angewiesen, das Sie lehrt, bestimmte Dinge in einer bestimmten Art und Weise zu tun oder zu lassen, und das Sie aufgrund seiner Vorbildwirkung auf dem Weg durch das Erfahrungslabyrinth begleitet. Den hierbei erworbenen Wissens- und Erfahrungsschatz geben Sie wiederum an Ihre Mitarbeiter weiter, indem Sie sie anleiten. Als Unternehmer müssen Sie in der Lage sein, beide Positionen einzunehmen, denn führen können Sie nur, wenn Sie sich entsprechendes Wissen dazu aneignen!

Meine Empfehlung

Versuchen Sie, eine gute Balance zwischen der Position des Lernenden und des Führenden zu halten. Ein Übergewicht an Führungskräften, die nur an der Machtposition mit wenig oder keinen Lerninhalten interessiert sind, kann das Unternehmen ebenso ins Wanken bringen wie ein Übergewicht an Verantwortlichen, die ewige Schüler bleiben wollen. Im ersten Fall fehlen Fachkompetenz und Know-how: Sie leiten das Unternehmen nur kraft der Funktion; im zweiten Fall übernehmen die Leute keine Führungsverantwortung: Sie leiten das Unternehmen gar nicht! Beide Extrempositionen sind „gute Voraussetzungen" für Unternehmenskrisen!

---

1. Psychologischer Background

Menschen, die Machtpositionen ohne einen inhaltlichen Anspruch einnehmen, stellen eine reale Gefahr für die Existenz eines Unternehmens dar, da sie eher an der eigenen Machterhaltung als am Unternehmen interessiert sind. Dahinter verstecken sich Persönlichkeiten, die erst aufgrund ihrer Funktion eine (vermeintliche) Daseinsberechtigung bekommen und alles daransetzen, diese auch aufrechtzuerhalten. Die Bedürfnisse des Gegenübers beziehungsweise der Organisation werden nicht wahrgenommen und daher auch nicht befriedigt. Im Vordergrund stehen eindeutig die Wahrung der eigenen Position und die Erfüllung der eigenen Bedürfnisse.

Menschen in Entscheidungspositionen, die von Natur aus lieber geführt werden als führen, setzen dem Unternehmen gegenüber zwar keine ausgeprägten destruktiven Energien frei, wie dies Machtmenschen tun, führen das Unternehmen aber langsam in den Ruin, da sie keine Führungsverantwortung übernehmen. Die Angst vor der Verantwortung und dem eigenen Versagen lastet zu sehr auf ihren Schultern!

2. Anleitung zur Selbstreflexion

Sollten Sie sich dabei ertappt haben, gern eine der beiden genannten Extrempositionen einzunehmen, halten Sie sich selbst den Spiegel vor und fragen Sie sich:

▸ Bei einer hohen Ausprägung der Machtposition: Wozu brauchen Sie so viel Macht ohne fachliche Kompetenz, wenn Sie aus dieser Macht nichts machen?

▸ Bei einer hohen Ausprägung der Lernposition: Wozu brauchen Sie die Führungsposition, wenn Sie nicht führen?

3. Anleitung für die Praxis

In der Regel bewegen sich Führungspersönlichkeiten jedoch zwischen diesen beiden Polen, die es immer wieder auszubalancieren gilt. Folgende Anregungen helfen Ihnen, ein gutes Gleichgewicht zu finden:

▸ Entscheiden Sie für sich ganz bewusst, in welcher Situation Sie sich führen lassen und in welcher Situation Sie führen wollen oder auch müssen.

▸ Finden Sie heraus, anhand welcher Kriterien Sie sich für das Geführtwerden beziehungsweise das Führen entscheiden.

▸ Überprüfen Sie, welche Entscheidungskriterien bisher welche Konsequenzen nach sich gezogen haben.

▸ Machen Sie den Versuch, sich in bestimmten Situationen anders als gewohnt zu entscheiden, und lassen Sie sich vom Ergebnis überraschen.

▸ Grundsätzlich gilt: Je höher Ihr Selbstwertgefühl ist, desto leichter wird es Ihnen fallen, von der Position des Führenden in die Position des Lernenden zu wechseln.

4. Wichtig!

Was uns davon abhält, uns auf das niedrigere Niveau des Lernenden zu begeben, ist ein Problem mit dem eigenen Selbstwertgefühl. Wir fallen durch den Abstieg vom Thron zum Fußvolk im Wert vor uns selbst und vor den anderen. Doch erst der wird zum wahren Meister, der die Kunst des Wechselns beherrscht!

19 Gesprächsführung – Halten Sie weniger Monologe, stellen Sie mehr Fragen!

Konfliktgespräche mit Mitarbeitern, das Entgegennehmen von Kundenbeschwerden, Auseinandersetzungen mit Firmen und Zulieferern und Ähnliches bringen Sie regelmäßig ins Schwitzen. Nicht, dass Sie nicht wissen, was Sie aus fachlicher Sicht heraus zu sagen hätten, allein aber die Tatsache, dass Sie mit unterschwelliger oder sogar offen gezeigter Aggression rechnen müssen, bereitet Ihnen schon im Vorfeld schlaflose Nächte. Bisher haben Sie sich einen Stichwortzettel zurechtgelegt mit den wichtigsten Punkten, die Sie anzumerken haben; der Effekt war, dass Sie zwar nichts vergessen haben, Ihr Blutdruck jedoch weiter stieg, Ihre Hände nass wurden, das Herz bis zum Hals klopfte und der Magen sich zusammenzog. Sie empfanden dabei Stress, wenn Sie aus Ihrer gewohnten Komfortzone heraus unangenehme Dinge benennen mussten und wussten, dass Sie damit ganz bestimmte Reaktionen des Gegenübers hervorriefen, die Sie sich eigentlich ersparen wollten.

Wie können Sie also konfliktbehaftete Gespräche so führen, dass Ihr Stresspegel reduziert wird und Sie gelassener werden? Je erfolgreicher Sie Konflikte mit Kunden und Mitarbeitern meistern, desto erfolgreicher führen Sie Ihr Unternehmen.

Empfundener Stress in Form von Druck steht in direktem Zusammenhang damit, dass Sie denken, Sie müssten mit möglichst vielen und eindeutigen Worten den unangenehmen Zustand kontrollieren, verändern, verbessern oder einfach wegdiskutieren. Der Druck resultiert aus Ihrer Vorstellung, dass sich nur so das Unangenehme lösen lässt. Also reden Sie sich den Mund trocken und versuchen, den anderen einfach „mundtot" zu machen. Wirklich gelöst haben sie durch Ihre Art der Kommunikation noch nichts.

Gewöhnen Sie sich deshalb an, in konfliktreichen Gesprächen besonders viele Fragen zu stellen und weniger Monologe zu halten. Fragen haben den Vorteil, dass Sie, während Ihr Gegenüber antwortet, Zeit haben, das Gesagte zu reflektieren, sich zu entspannen und in diesem Moment nicht die Last des Handelnden tragen zu müssen. Sie bringen durch Fragen Ihr Gegenüber vielmehr dazu, Verantwortung für den Gesprächsverlauf zu übernehmen, während Sie bei Monologen die Gesprächsführung an sich reißen und Ihr Gegenüber als gleichwertigen und damit verantwortungsbewussten Gesprächspartner außer Acht lassen.

Meine Empfehlung

In dem Moment, in dem Sie durch Fragen die völlige Kontrolle über einen Gesprächsverlauf abgeben, wird sich Ihr Stresspegel reduzieren. Dies wird Ihnen helfen, sich zu entspannen und Konflikte mit Mitarbeitern und Kunden konstruktiv zu lösen.

1. Psychologischer Background

Besonders unsichere Menschen tendieren dazu, Gespräche so zu gestalten, dass das Gegenüber kaum eine Chance bekommt zu hinterfragen, zu reflektieren und zu antworten. Jede Rückfrage wird gedeutet als ein Infrage-Stellen der eigenen Person und wird somit als ein Angriff erlebt. Also scheint es besser zu monologisieren, um etwaigen vermuteten „Kriegstaktiken" zuvorzukommen. Das ist allerdings mit dem Nachteil verbunden, dass eine permanente Aufrechterhaltung der Verteidigungslinie viel Kraft und Energie kostet und vor allem Stress verursacht, der sich in den bereits erwähnten psychosomatischen Reaktionen niederschlagen wird. Halten Sie es daher nicht mit dem Sprichwort „Angriff ist die beste Verteidigung", sondern schicken Sie lieber das trojanische Pferd in Form geschickter Fragestellungen in das vermeintliche Feindesland.

2. Formulierungshilfe für die Praxis

Ich biete Ihnen hier einen kleinen Auszug aus einem Fragenkatalog, der eigentlich aus der systemischen Beratungspraxis stammt, jederzeit aber auch auf schwierige Gespräche mit Mitarbeitern und Kunden angewandt werden kann.

▸▸ Lösungsorientierte Fragen (Verbesserungsfragen)
  ▸ Fragen nach Ressourcen und Potenzialen:
    Was soll sich Ihrer Ansicht nach ändern, damit Sie wieder mit Ihrer Arbeitssituation zufrieden sind?
    Was, denken Sie, ist gut an Ihrer Arbeitsstelle und soll daher so bleiben?
    Was können Sie gut und sollte daher mehr von mir als Arbeitgeber an Sie abgegeben und von mir anerkannt werden?
  ▸ Zukunftsfragen:
    Angenommen, ich gehe als Arbeitgeber auf Ihren Wunsch nach Versetzung ein, was, denken Sie, wird sich für Sie verbessern?
    Woran könnten Sie als Kunde erkennen, dass wir Ihre Beschwerden ernst genommen haben?

Woran würden Sie als Mitarbeiter erkennen, dass ich Sie in Ihren Bedürfnissen wahrnehme?

‣ Fragen nach Unterschieden:
Welchen Unterschied macht es, wenn wir auf eine andere Marketingstrategie setzen?
Woran würden unsere Kunden merken, dass wir eine bessere Produktpalette haben?
Welche Veränderungen gab es nach unserem letzten Meeting?

‣ Fragen nach bisherigen Lösungsversuchen:
Was haben Sie bisher unternommen, um eine Lösung des Problems herbeizuführen?
Im Hinblick auf Unternehmensziele: Was könnten Sie zusätzlich zu deren Erfüllung beitragen?
Welche Lösungsversuche haben Sie Ihrem Ziel bisher nicht näher gebracht?

▸▸ Kombination aus lösungs- und problemorientierten Fragen

‣ Fragen nach dem Nutzen des Problems:
Wofür ist es gut, dass wir dieses Problem haben?
Was wäre für Sie schlechter, wenn das Problem nicht bestünde?
Mit wem würden wir Ärger bekommen, wenn das Problem plötzlich weg wäre?

‣ Fragen nach den (Zeit-)Plänen für die Problemlösung:
Wie lange wollen Sie das geschilderte Problem noch am Arbeitsplatz haben?
Wann wollen Sie eine Lösung des Problems gefunden haben?
Wie lange, denken Sie, werden wir als Unternehmen das Problem noch mittragen?

3. Wichtig!

Fragen zu stellen bedeutet nicht nur, sich zu entspannen, Sie signalisieren mit Fragen trotz des Konflikts Interesse am Gegenüber, wodurch ein Teil des vorhandenen Aggressionspotenzials abgebaut wird.

20 Die Kunst des Self-Coachings – Lösen Sie Ihre Probleme selbst!

Die Leitung und Führung von Organisationen und Menschen erfordert ein hohes Maß an Selbstführung: Es gilt, für sich (oder auch mit anderen) zu entscheiden, welche Ziele man verfolgen will, welche Schwerpunkte im Alltag zu setzen sind, welche Produkte und Dienstleistungen wann, wie, in welcher Ausführung und Qualität auf den Markt zu bringen sind, welche Fähigkeiten und Kompetenzen Sie selbst und Ihre Mitarbeiter für die Erledigung der anstehenden Aufgaben aufweisen beziehungsweise erwerben müssen und so weiter. Die Liste dessen, was Ihnen ein unternehmerischer Alltag an Führungsaufgaben abverlangt, ließe sich unendlich fortsetzen!

Selbstführung, oder auch Self-Coaching genannt, ist eine Methode, die Ihnen bei konkreten beruflichen Aufgabenstellungen und in Entscheidungsprozessen behilflich sein kann, eine gangbare Handlungsalternative zu entwickeln, ohne dass Sie dabei Unterstützung von außen annehmen müssen. Self-Coaching bedeutet zu klären, welche Prioritäten Sie im Moment setzen sollten (= Zielüberprüfung), und zu erkennen, welchen Status quo (= Kontextüberprüfung) Sie derzeit vorfinden. Die Bewusstmachung des eigenen Handelns, bezogen auf sich selbst und die Auswirkung auf Ihr Gegenüber, bildet den zentralen Inhalt der Selbstführung.

Prozess des Self-Coachings:

- ▸▸ Formulieren Sie für sich eine Frage beziehungsweise das zu lösende Problem!
- ▸▸ Erarbeiten Sie eine genaue Zieldefinition mit Zwischenzielen!
- ▸▸ Konkretisieren Sie, in welchem Kontext sich das Problem/die Frage stellt!
- ▸▸ Erarbeiten Sie mindestens drei Alternativen zur Zielerreichung!
- ▸▸ Erarbeiten Sie eine Vorgehensweise für deren Umsetzung!
- ▸▸ Führen Sie eine Entscheidung herbei in Bezug auf eine konkrete Alternative und spielen Sie gedanklich den Worst Case, den schlimmsten Fall, der hierbei eintreten könnte, durch!
- ▸▸ Nehmen Sie die eventuell auftretenden Schwierigkeiten und Einwände bewusst wahr!
- ▸▸ Nach der Umsetzung überprüfen Sie Ihre Ziele immer wieder!
- ▸▸ Bei Unzufriedenheit mit dem erreichten Ergebnis beginnen Sie erneut mit dem Prozess des Self-Coachings!

Meine Empfehlung

Die Methode des Self-Coachings erfordert Übung. Seien Sie deshalb geduldig mit sich selbst. Self-Coaching hat keinen direkten Einfluss auf den Unternehmenserfolg, unterstützt Sie jedoch dabei, konzentriert und nachhaltig handlungsfähig zu bleiben.

1. Psychologischer Background

Sie machen sich bei dieser Methode nicht abhängig von der Anwesenheit eines Coach oder Beraters. Das erspart nicht nur Kosten, sondern ist auch leichter in den Arbeitsalltag integrierbar. Dies ist vor allem für Führungskräfte sehr hilfreich, die sparsam mit ihrer Zeit umgehen müssen und alltägliche Probleme lieber allein lösen wollen, weil sie emotionale Abhängigkeiten von Beratern oder anderen Personen fürchten oder auch am Wert solcher Beratungen zweifeln.

2. Anleitung für die Praxis

Achten Sie bitte im Prozess der Selbstexploration auf Folgendes:
- Stellen Sie während des Prozesses keine Warum-Fragen. Auf Warum-Fragen erhalten Sie in der Regel keine Antwort. Entweder gibt es keine oder sie ist Ihnen bewusst nicht zugänglich.
- Formulieren Sie das Problem/die Frage/Vorgehensweise stets klar und präzise. Dies bewahrt Sie vor Missverständnissen und weiteren Problemlösungsversuchen.
- Nehmen Sie sich Zeit für die Selbsterforschung. Durch Druck erzeugen Sie möglicherweise schnelle Ergebnisse, die aber keine tragfähigen Lösungen sind.
- Schaffen Sie eine ruhige Atmosphäre, damit Sie nicht abgelenkt werden.
- Würdigen Sie Ihre bisherigen Lösungsversuche. Manche Problemstellungen brauchen mehrere Coaching-Durchgänge, weil es sich um schwierige Prozesse handelt und die Lösung komplexerer Natur ist.
- Üben Sie viel! Je mehr Übung Sie haben, desto leichter wird Ihnen das Self-Coaching fallen.
- Sie können das Self-Coaching selbstverständlich auch auf die Lösung privater Probleme übertragen.

3. Wichtig!

Das Wissen um die Möglichkeit einer Selbsthilfe erleichtert uns den Umgang mit Alltagsproblemen beruflicher und privater Natur, weil wir uns nicht in einen Zustand der Hilflosigkeit begeben müssen, aus dem uns nur eine kompetente Person (die es erst zu finden gilt) herausführen kann!

21 Der Turnaround – Veränderungsprozesse beginnen bei Ihnen selbst!

Unternehmenskrisen bedingen unwillkürlich Veränderungsprozesse in einem Unternehmen. Es sind dies Prozesse, die mit Kosteneinsparungen, Personalreduktion und gleichzeitigen stetigen Qualitätsverbesserungen einhergehen sollen. Dies allein stellt an sich schon ein unlösbares unternehmerisches Dilemma dar: mit weniger und günstigerem Personal bessere Produkte herzustellen, um konkurrenzfähig zu bleiben. Eine zentrale Frage, mit der mittlerweile viele Unternehmen konfrontiert sind, ist daher die nach dem Turnaround des Unternehmens in die Gewinnzone, obwohl die Parameter so sind, dass sie einander eigentlich ausschließen.

Regierung, Gewerkschaften, Krisenstäbe in Unternehmen und Berater versuchen auf den verschiedensten Ebenen durch konkrete Maßnahmen und Appelle an Arbeitgeber, Einfluss auf die Handlungsweisen von Unternehmen auszuüben. Oft wird bei allen gut gemeinten Ansätzen jedoch vergessen, dass Veränderungsprozesse bei uns selbst beginnen und wir uns daher mit der Frage nach unseren Ängsten und den damit verbundenen Widerständen beschäftigen sollten. Veränderungen bringen kurzfristig Chaos ins Unternehmen, bedingen Angst vor dem Kontrollverlust sowohl bei Mitarbeitern als auch bei der Führung, nehmen uns Stabilität und mindern unser Selbstbewusstsein. Angst und Widerstand sind ständige Begleiter in solchen Phasen. Eine logische und zugleich menschliche Konsequenz besteht darin, dass Veränderungsprozesse hinausgezögert oder vermieden werden, nur kleine Kurskorrekturen vorgenommen oder diese halbherzig und ohne Power angegangen werden (= Lippenbekenntnisse).

Diese Unternehmen sind besonderes dadurch gekennzeichnet, dass Führung und Mitarbeiter mit sich selbst und der ungeliebten Arbeit am Turnaround beschäftigt sind, der aber nicht gelingt, weil sie sich nicht mit den Erfordernissen der Organisation und den Bedürfnissen der Kunden beschäftigen. Die Energie der Mitglieder solcher Unternehmen fließt häufig in die eigene Absicherung und somit in die Befriedigung der eigenen Bedürfnisse. Das schadet dem Unternehmen nicht nur zum derzeitigen Zeitpunkt, sondern erhöht den Schaden langfristig noch. Was man eigentlich vermeiden wollte, tritt mit hoher Wahrscheinlichkeit ein.

Meine Empfehlung

Bedenken Sie, dass Menschen Angst vor Veränderungen haben, weil der psychische Halt verloren zu gehen droht? Sind Sie an realen Veränderungen mit dem Ziel eines Turnaround interessiert, beginnen Sie an Ihrer eigenen Angst sowie dem Widerstand und der Angst Ihrer Mitarbeiter zu arbeiten. Finanzieller und wirtschaftlicher Leidensdruck allein bedeutet nicht, dass Sie Veränderungen auch wirklich wollen.

1. Psychologischer Background

Die Angst, Veränderungsprozesse zu initiieren, und die Ungewissheit, sie zu „überleben", ist manches Mal so groß, dass wir eher in Kauf nehmen, in einer äußerst unangenehmen Situation zu verharren. Dahinter steht die Hoffnung, dass sich von selbst etwas ändert oder das Schicksal einen anderen Weg für uns bereithält. Irgendwann tritt im Verharren der Punkt ein, an dem wir beginnen, uns mit Leiden, Frustration, Aggression und Trauer so „anzufreunden", dass wir gar nicht mehr spüren, wie sehr wir unter den Gegebenheiten leiden: Wir arrangieren uns in masochistischer Weise, indem wir unsere eigentlichen Bedürfnisse „auf Eis legen" und selbst in „Lethargie"[13] und Depression erstarren. Der Weg aus dieser Stimmungslage ist jedoch dann sehr steinig.

2. Anleitung zur Selbstreflexion

Sind Veränderungsprozesse in Ihrem Unternehmen notwendig geworden und Sie bemerken bei sich selbst ein ungutes Gefühl in der Magengegend, das Ausdruck Ihrer Angst sein könnte, werden die nachfolgenden Fragen Sie unterstützen. Ziel ist dabei, den Widerstand, der die logische Reaktion auf Angstgefühle darstellt, so aufzuweichen, dass Sie handlungsfähig werden:

▸▸ Zu wie viel Prozent sind Sie auf einer Skala von 0 bis 100 Prozent bereit, einen Veränderungsprozess in Ihrem Unternehmen zu initiieren?
   (50 Prozent sind zu wenig für einen Veränderungsprozess. Sie verbrauchen hier zu viel Energie, um den Widerstand auszuhalten.)
▸▸ Bei einem geringen Prozentsatz stellen Sie sich die Fragen:
   ▸ Wovor habe ich Angst?
   ▸ Was macht meinen Widerstand aus?
   ▸ Wwas werden meine Arbeitskollegen/Mitarbeiter in Bezug auf meine/n Angst/Widerstand denken?
   ▸ Was ist gut an der Angst/dem Widerstand? Wovor schützen mich diese Gefühle?

▸ Wie lauten meine Argumente für oder gegen einen Veränderungsprozess?

▸ Welche Konsequenzen erwarten mich, wenn ich mein Unternehmen nicht in die Veränderung führe?

▸ Wohin soll sich mein Unternehmen in fünf Jahren entwickelt haben?

▸ Welche konkreten Schritte muss ich unternommen haben, damit ich das Ziel des Turnaround erreiche?

▸ Was brauche ich, um diese Hemmschwelle zu überwinden?

▸ Von wem kann ich welche Unterstützung bekommen?

▸ Wer in meinem Unternehmen ist am meisten an einer Veränderung interessiert, wer am wenigsten?

▸ Was brauche ich, um diese Personen bzw. Abteilungen ins Boot zu holen?

Sollten Sie mit den von mir gestellten Fragen nicht weiterkommen und auf einige keine Antwort finden, so rate ich Ihnen nachzuspüren, was gut daran für Sie ist, dass alles so bleibt, wie es ist.

3. Wichtig

Manchmal deuten Widerstände in Bezug auf Veränderungsprozesse auch darauf hin, dass wir unbewusst spüren, dass mit einer Veränderung das Ende einer Phase oder gar einer Ära gekommen ist. Wir versuchen, dieses Ende nun hinauszuzögern, indem wir krampfhaft an etwas festhalten, das sich selbst längst überholt hat.

22 Umgang mit negativen Empfindungen – Achten Sie auf Ihr Selbstwertgefühl!

In wirtschaftlich schlechten Zeiten durchleben Sie als Unternehmer möglicherweise Phasen, die einer Überlebenskrise gleichzusetzen sind. Man spricht auch von Ereignissen, welche die eigene Identität bedrohen, wie der Verlust von Privatvermögen, der Verlust des eigenen und der Arbeitsplätze von zahlreichen Mitarbeitern, Machtverlust und so weiter. Diese Phasen sind immer begleitet von Gefühlen der Angst, Hoffnungslosigkeit, Resignation und von depressiver beziehungsweise melancholischer Stimmung. Sie fühlen sich möglicherweise als Versager, beziehen den Misserfolg auf sich selbst und Ihr Selbstwertgefühl wird täglich geringer.

Ein niedriger Selbstwert, das heißt, sich selbst als wertlos zu empfinden, betrifft nicht nur Ihre Person, sondern wird im Verlauf dieser Phase auf das gesamte Unternehmen übertragen:

» Auf einer rational nachvollziehbaren Ebene: Mitarbeiter wissen um die schwierige Situation und spüren, in welcher emotionalen Verfassung sich ihr Arbeitgeber befindet. Sie werden verunsichert und zweifeln an ihren Leistungen und Fähigkeiten, vor allem wenn sie sich mit dem Unternehmen stark identifizieren. Bei einer fehlenden Identifikation aufgrund eines hohen Grades an Unzufriedenheit mit der eigenen Arbeitssituation reagieren Mitarbeiter auch mit Gefühlen der Verunsicherung, zweifeln aber nicht die eigene Kompetenz, sondern vor allem die ihres Arbeitgebers an.

» Auf einer unbewussten Ebene: Kunden werden verunsichert durch die Verunsicherung der Mitarbeiter, ohne ein konkretes Wissen über die unternehmerische Situation zu besitzen. Man spricht in der Sozialpsychologie von dem Phänomen des „Emotional Contagion Concept"[14], nach dem Emotionen auf einer tiefen unbewussten Ebene übertragen werden.

Die Folgen: Kunden wandern ab, ohne dass Sie reale Anhaltspunkte für die Ursache haben. Es könnte etwa an Verkaufsgesprächen liegen, in denen Mitarbeiter aufgrund ihrer Verunsicherung nicht mehr in der Lage sind, die Kunden vom Nutzen eines Produktes oder einer Dienstleistung zu überzeugen. Die fehlende Überzeugungskraft wiederum lässt Kunden zur Konkurrenz abwandern, deren Produkte keineswegs besser sind, deren Mitarbeiter aber selbstbewusst auftreten und im Kundenkontakt dadurch eine ganz andere Wirkung erzielen.

Meine Empfehlung

Gefühle des Versagens und ein Infrage-Stellen des eigenen Wertes sind natürliche Reaktionen auf konfliktbelastete Situationen. Nehmen Sie sie bewusst wahr, akzeptieren Sie sie und beginnen Sie, an ihnen zu arbeiten. Professionelle Unterstützung kann hier sehr hilfreich sein.

1. Psychologischer Background

Als Kinder haben die meisten von uns gelernt, dass unsere ganze Persönlichkeit infrage gestellt wurde, wenn wir zum Beispiel schlechte Noten schrieben. Die Aussage war nicht: „Eine Fünf in Mathematik ist kein Weltuntergang, du kannst dafür dies und jenes gut oder noch besser", die Aussage war: „Wenn du so weitermachst, wirst du die Schule nie schaffen." Aus einer Fünf in Mathematik wurde die Prophezeiung einer Karriere als Schulversager. Und so reagieren wir auch heute noch: Aus einer schlechten wirtschaftlichen Situation und dementsprechenden Rahmenbedingungen wird in unserer Fantasie eine vorweggenommene Versagerkarriere als Unternehmer. Wir stellen unsere gesamte Person mit all unseren Fähigkeiten infrage und differenzieren nicht einmal mehr, wie es zu dieser Situation gekommen ist. Es läuft ein Automatismus ab, in dem wir uns selbst als die Ursache allen Übels sehen.

2. Anleitung für die Praxis

Die Arbeit mit den eigenen Versagensgefühlen bedeutet, am eigenen Selbstwert zu arbeiten. Unterstützend dabei könnten folgende Anregungen oder Fragen sein:

▸▸ Machen Sie sich immer wieder bewusst, dass der Wert eines Menschen nicht ausschließlich abhängig ist von seinem derzeitigen beruflichen Erfolg – auch wenn Ihre Umgebung Ihnen dies immer wieder vermitteln will. Distanzieren Sie sich von diesen Menschen!

▸▸ Führen Sie sich vor Augen, in welchen Bereichen Ihres Lebens Sie bereits erfolgreich Versagensgefühle zum Positiven gewendet haben.

▸▸ Beantworten Sie sich die Frage, wie Sie das geschafft haben, und versuchen Sie, Ihre Strategien auf das Hier und Jetzt zu übertragen.

▸▸ Sollten Sie der Ansicht sein, dass Sie keine Strategien zur Bewältigung Ihrer Situation haben, fragen Sie sich, was Sie dazu brauchen.

▸▸ Fragen Sie wirklich gute Freunde und Bekannte, was sie an Ihnen schätzen und welche Ihrer Fähigkeiten sie am meisten bewundern. Sollten Sie keine befriedigende Antwort erhalten, kann dies auf ein geringes Selbstwertgefühl Ihrer Freunde hindeuten. Diesen fällt es schwer, Ihnen ein positives Feedback zu geben, das hat aber nichts mit Ihnen zu tun.

3. Formulierungshilfe für die Praxis

Sobald Sie bemerken, dass auch das Selbstwertgefühl der Mitarbeiter aufgrund der unternehmerischen Situation in den Keller fällt, thematisieren Sie dies und korrigieren Sie diesen Prozess durch Ihre Autorität als Arbeitgeber. Voraussetzung dafür ist allerdings, dass Sie es selbst schaffen, Ihr Selbstwertgefühl oben zu halten:

▸▸ Ich habe den Eindruck, dass Sie unter der Situation des Unternehmens leiden und viele Misserfolge auf sich beziehen. Habe ich das richtig wahrgenommen oder täusche ich mich?

▸▸ Die wirtschaftliche Lage hat nichts mit Ihren Leistungen zu tun. Dies ist allein das Ergebnis von Rahmenbedingungen, die wir ad hoc nicht ändern können. Ich möchte, dass Sie sich das im Arbeitsalltag immer wieder bewusst machen.

▸▸ Ihre Leistungen stehen hier und jetzt nicht zur Diskussion!

▸▸ Überlegen wir gemeinsam, wie wir mit Kunden umgehen, die unsere Verunsicherung wahrnehmen und dies zum Ausdruck bringen.

▶▶ Welche Standardsätze können wir erarbeiten, damit wir im Umgang mit Kunden sicherer werden?

4. Wichtig!

Die Arbeit am eigenen Selbstwertgefühl ist eine lebenslange Aufgabe, wenn wir als Kinder keine bedingungslose Liebe und Anerkennung bekommen haben. Stellen Sie sich auf diese Tatsache ein!

23 Umgang mit Krisen – Reduzieren Sie Arbeitsgeschwindigkeit und Arbeitspensum!

Sie fühlen sich überfordert, können nicht mehr gut schlafen, Gedanken an die Firma und Sorgen um zukünftige Entwicklungen begleiten Sie bis in Ihre Träume. Sie erleben, dass die Arbeit Sie so sehr in Anspruch nimmt, dass Sie keine Energie mehr für Ihr Privatleben haben. Einen Großteil Ihrer Kräfte verwenden Sie darauf, die Situation zu beruhigen und dafür zu sorgen, dass Ihre Mitarbeiter arbeiten können. Solche oder ähnliche Gedanken resultieren aus einer krisenhaften Zeit, die Sie gerade in Ihrem Unternehmen durchleben.

Besondere Kennzeichen von Krisen sind, dass Sie dazu neigen, im Kreis zu denken, der Ausgangs- und Endpunkt Ihrer Gedanken immer der gleiche ist, dass Sie vorhandene Möglichkeiten nicht sehen (= verengte Problemsicht oder „Tunnelblick"[15]) und Ihre Fähigkeiten vergessen. Langjährig bewährte Problemlösungsstrategien versagen, es entstehen vermehrt Konflikte im Innen- und Außenverhältnis und Ihre Mitarbeiter beschäftigen sich mehr mit vagen Informationen und Gerüchten als mit der Erledigung ihrer Aufgaben.

Vor allem finanzielle Krisen, die einen existenzbedrohenden Charakter aufweisen, rufen massive Angstgefühle hervor und verursachen Stress. Dabei läuft Ihr Umgang mit Stress wie ein Automatismus ab, das heißt, Ihre Reaktionen ähneln sich in Ausprägung und Intensität und laufen wie ein Programm ab (= „instinktgesteuerte konditionierte Reaktionen"[16]). Bekannte, jedoch nicht bewährte Automatismen, die eine beginnende Krise bedeuten, sind Verhaltensweisen wie zum Beispiel:

▶▶ *Wir verdoppeln unsere Anstrengung!*
  Sie arbeiten schneller – und dies ohne Ziel und ohne Plan, ähnlich dem Verhalten eines Hamsters im Laufrad (= „Hyperaktivität"[17]/Aktionismus).

▶▶ *Mit rigiden Vorschriften bekommen wir die Situation in den Griff!*
  Sie denken, wenn Sie Ihre Mitarbeiter besser unter Kontrolle haben, arbeiten diese effizienter und besser (= „Kontrollwahn"[18]).

▸▸ *Wir können an der Situation sowieso nichts ändern!*
Sie fühlen sich hilflos und legen die Hände in den Schoß (= „Lethargie"
– siehe Begriffserklärung 13).

Um Ihr Unternehmen aus einer massiven Krisensituation herauszuführen, ist
es notwendig, dass Sie mit Ihren Kräften und Energien gut haushalten. Denn
Krisen solchen Ausmaßes verlangen von Ihnen eine hohe Konzentration und
einen hohen Energiepegel über einen möglicherweise langen Zeitraum hinweg. Das bedeutet, solche Krisen mobilisieren und schlucken gleichzeitig all
Ihre physische und psychische Kraft über Monate hinweg. Deshalb ist ein adäquater Umgang mit Stress und Angst unabdingbar.

*Denn grundsätzlich gilt: Je besser Sie mit Stress und Angst umgehen
können, desto wahrscheinlicher ist es, dass Sie die Krise meistern werden.*

Meine Empfehlung

Reduzieren Sie Ihre Arbeitsgeschwindigkeit und Ihr Arbeitspensum. So vermeiden Sie, in altbekannte Stressmuster und Stressfallen zu tappen (=
„Stressparadoxon"[19]), und können eine emotionale Distanz zu Ihrem Problem herstellen. Dies ist notwendig, um wieder Lösungsmöglichkeiten zu
sehen und einen anderen Blickwinkel einzunehmen.

---

1. Psychologischer Background

Negativer Stress („Disstress"[20]) löst im Gegensatz zum positiven Stress („Eustress"[20]), der uns zu emotionalen Höhenflügen verhilft, in der Regel inten-
sive Angstgefühle aus, die auf eine existenzielle Bedrohung der eigenen Persönlichkeit hinweisen. Die Bedrohung kann sich auf die körperliche Ebene
beziehen, zum Beispiel bei tätlichen Angriffen, oder auf die psychische
Ebene, in der nicht das nackte Überleben, sondern unsere seelische Ge-
sundheit angegriffen wird. Wir verlieren sozusagen den Boden unter den
Füßen. Unser Unterbewusstsein ist auf Angriff und Verteidigung eingestellt,
obwohl die physische Existenz auf der realen Ebene keineswegs gefährdet
ist. Diese Art von Stress wird von Menschen unterschiedlich erlebt: Was den
einen bedroht, löst bei einem anderen nur unangenehme Gefühle aus!

2. Anleitung für die Praxis

Im Sinne einer Krisenbewältigung möchte ich Ihnen hier einen „Aktionsplan"
an die Hand geben, mit dessen Hilfe Sie sich einen beruflichen Freiraum für
die Entwicklung neuer Perspektiven schaffen können:

▸▸ Besonders in existenzgefährdenden Krisen brauchen Sie Unterstützung! Werden Sie sich darüber klar, dass Sie nicht alles allein meistern müssen. Suchen Sie sich zuerst Verbündete für die Bewältigung, zum Beispiel Freunde, Angehörige und erfahrene Unternehmer, mit denen Sie sich austauschen können. Zu einer guten Psychohygiene in diesen Zeiten gehört ein gutes soziales Netz, das Sie trägt.

▸▸ Beginnen Sie im Anschluss mit der Verlangsamung Ihres Berufsalltags. Arbeitsgeschwindigkeit und Arbeitspensum lassen sich gut reduzieren, wenn Sie für sich eine Struktur beziehungsweise einen Plan erarbeiten. Legen Sie sich zu Beginn einen Wochenplan an, der Ihnen genau vorgibt, was Sie wann erledigen wollen. Wichtig dabei ist, dass Sie darauf achten, dass Sie Ihr Arbeitspensum halbieren, indem Sie genau festlegen, was so dringend ist und nur von Ihnen erledigt werden kann, damit das Unternehmen am Laufen gehalten wird. Wenn Sie ein Unternehmen führen, arbeiten Sie in der Regel mehr als 40 Stunden pro Woche. Rechnen Sie noch ein vermehrtes Engagement in Krisenzeiten ein, sind Sie bei 60 bis 70 Wochenstunden. Halbieren Sie das, haben Sie eine Wochenarbeitszeit, die Ihnen noch erlaubt, freie Zeiten für sich in Anspruch zu nehmen. Die verbliebenen 50 Prozent müssen Sie an verantwortliche Mitarbeiter delegieren. – Dieses Vorgehen in Krisensituationen mag weltfremd klingen. Veränderungen lassen sich jedoch nur mit viel Disziplin und einem hohen Leidensdruck herbeiführen.

▸▸ Die Arbeitsgeschwindigkeit können Sie gut regulieren, indem Sie sich festgelegte Pausen verordnen. Wenn Sie merken, Sie werden wieder schneller, machen Sie häufiger Pausen.

▸▸ Legen Sie so lange Wochenpläne an, bis sich ein Automatismus einstellt. Nach ein paar Monaten können Sie zu einem Tagesplan übergehen!

▸▸ Um sich an Pläne und Strukturen zu gewöhnen, brauchen Sie Disziplin, Disziplin, Disziplin, außerdem Übung und jemanden, der Ihnen hilft, dieses Raster einzuhalten. Suchen Sie sich im Unternehmen jemanden, der Sie dabei unterstützt.

▸▸ Die gewonnene freie Zeit verbringen Sie nicht im Unternehmen. Legen Sie eine räumliche Distanz ein.

▸▸ Versuchen Sie nun, entspannter zu werden. Als hilfreich erweisen sich dabei das Erlernen von Entspannungstechniken, Sport etc.

▸▸ Die letzte und wichtigste Aufgabe wird nun sein, dass Sie mit einem freien Blick Handlungsalternativen entwickeln, zu denen Sie bisher keinen bewussten Zugang hatten. Diese werden Ihnen helfen, Ihre Krise unter einem anderen Blickwinkel zu betrachten. Der freie Blick bringt manches Mal Lösungen zutage, von denen Sie vorher nicht geahnt haben, dass sie existieren. Oder, wenn Sie das Gefühl haben, wie vor einer Wand zu stehen, nehmen Sie professionelle Beratung in Form von Coaching oder „Organisationsaufstellungen"[21] in Anspruch. Dies kann dabei helfen, alternative Handlungsansätze zu erarbeiten.

3. Wichtig!

Der Ausweg aus der Krisenfalle liegt nicht, wie man meinen könnte, darin, mehr und schneller zu arbeiten, sondern in einem Radikalschnitt der täglichen Berufsroutine. Halten Sie Ihr Leben wie einen Videofilm mit einer Stopptaste an, reflektieren Sie und wählen Sie einen anderen Film (siehe auch Kapitel I/25: „Balanced Lifestyle")!

24 (Finanzielle) Einschnitte – Gehen Sie mit gutem Beispiel voran!

Die finanzielle Situation des Unternehmens hat Sie gezwungen, die Zulagen Ihrer Mitarbeiter zu streichen, versprochene Karrieresprünge vorerst auf Eis zu legen, auf normalem Wege frei gewordene Stellen nicht mehr neu zu besetzen und Zweigniederlassungen an einem Standort zusammenzulegen. Ihre Mitarbeiter sind vor allem gegen die Schließung der beiden Niederlassungen Sturm gelaufen. Der Betriebsrat hat sich selbstverständlich hart in der Sache gezeigt und Proteste angekündigt. So ganz können Sie allerdings die Aufregung nicht verstehen, schließlich behalten alle Mitarbeiter ihre Jobs, auch wenn sie nun Mobilität beweisen müssen. Die Festlegung auf einen Standort zwingt die Mitarbeiter inklusive deren Familien umzuziehen, was Sie durch das Angebot einer Mietübernahme für ein Jahr noch schmackhaft machen wollen. Aber der Protest hält an!

Wie verhält es sich nun mit den (finanziellen) Einschnitten, die Ihre Person betreffen? Können Ihre Mitarbeiter erkennen, dass auch Sie bereit sind, Abstriche zu machen, dass Sie auf einen kleineren Dienstwagen umsteigen oder Ihre schöne Villa gegen ein kleines Einfamilienhaus tauschen? Oder denken Sie, dass in erster Linie Ihre Mitarbeiter – denn schließlich ist das die Masse – „Federn lassen" müssen? Wenn Sie diese Haltung, auch in abgeschwächter Form, vertreten, dürfen Sie sich nicht wundern, dass Ihre Mitarbeiter mit massiven Widerständen gegen die geplanten Entscheidungen reagieren.

Dagegen werden selbst in schwierigen Zeiten die Mitarbeiter dem Unternehmen mit relativ geringem Protest folgen, wenn sie merken, dass auch die Leitung mit gutem Beispiel vorangeht und das, was sie automatisch von ihren Angestellten fordert, auch für sich selbst als Maßstab anlegt. Zeigen Sie selbst keine Absichten, Ihren gewohnten Lebensstil zu verändern, führt dies bei

Ihren Mitarbeitern zu einem hohen Aggressionspotenzial, das durch Proteste vielfältiger Natur seinen Ausdruck finden wird. Damit aber nicht genug: Sie vergeuden durch die Widerstände Ihrer Mitarbeiter nicht nur wertvolle Arbeitszeit; die Zukunft Ihres Unternehmens liegt bei Angestellten, die aufgrund von konkreten Erfahrungen dem Arbeitgeber – also Ihnen – misstrauen und deshalb schlechtere Arbeitsergebnisse zeigen werden. Ihre Mitarbeiter gehen in einen stillen Boykott!

> **Meine Empfehlung**
>
> Wollen Sie, dass Ihre Mitarbeiter Ihnen bei geplanten Maßnahmen folgen und weiterhin durch eine anhaltend gleichbleibende Arbeitsleistung dem Unternehmen dienen? Dann müssen Sie selbst Einschnitte hinnehmen. Das wird Ihre Mitarbeiter versöhnlich stimmen.

1. Psychologischer Background

Wir Menschen können es nur schwer ertragen, wenn wir glauben, um unseren Lohn betrogen zu werden, oder dass wir unseren Kopf nur knapp über Wasser halten können, während unser Gegenüber eine Schwimmweste trägt. Der Überlebenskampf veranlasst uns dazu, uns an Mitmenschen, denen der gleiche Kampf aufgrund ungleicher Bedingungen offensichtlich leichter fällt, Rache zu nehmen, indem wir zum Beispiel versuchen, das Rettungsboot in eine andere Richtung zu steuern. Das geschieht dann nicht, weil wir von der Richtigkeit des Kurses überzeugt sind, sondern weil wir uns an den Menschen mit der Schwimmweste rächen wollen. Wir vergessen aber dabei, dass wir uns damit möglicherweise selbst in Gefahr bringen. Denn was nützt uns eine Schwimmweste, wenn wir so weit vom Kurs abgekommen sind, dass uns niemand finden wird, der uns retten könnte? Die Rache derjenigen, die im Unternehmensboot sitzen und eigenmächtig einen völlig anderen Kurs einschlagen, ist es, die das Boot erst recht zum Kentern bringen kann.

2. Anleitung für die Praxis

Menschen reagieren im betrieblichen Umfeld entweder mit unterschwelligen oder sogar mit offen gezeigten Aggressionen, wenn sie merken, dass im Kampf um knappe Ressourcen für sie andere Maßstäbe gelten als für Kollegen oder Vorgesetzte. Es ist deshalb dringend anzuraten, dass Sie mit gutem Beispiel vorangehen und dadurch Ihre Mitarbeiter in das gemeinsame (Unternehmens-) Boot holen. Oft erzielen Sie mit scheinbaren Kleinigkeiten eine große Wirkung. Hier einige Beispiele:

➡ Leasen Sie einen kleineren Dienstwagen.

▸▸ Setzen Sie selbst keine Geschäftsessen mehr ab, die eigentlich keine sind.

▸▸ Ihre Büroausstattung kann bestimmt noch ein paar Jahre länger halten.

▸▸ Blackberry und Handy mit Kamera sind vielleicht reiner Luxus.

▸▸ Fliegen Sie nicht mehr Business, sondern Economy Class.

▸▸ Im Drei-Sterne-Hotel ist die Qualität des Bettes wahrscheinlich auch in Ordnung.

▸▸ Billigfluglinien sind genauso sicher wie andere.

▸▸ Der Blick aus Ihrem Fenster auf eine etwas verwilderte Hecke darf Sie nicht stören.

▸▸ Mineralwasser anstatt teurer Fruchtsäfte löschen auch den Durst.

3. Wichtig!

Vergessen Sie nicht, dass etwas, das für Sie kleine Einbußen in Ihrer Lebensqualität darstellt, bei Ihren Mitarbeitern andere Dimensionen besitzt. Während Sie (vorausgesetzt Ihr Unternehmen geht nicht in die Insolvenz) Ihre Stelle erhalten, kann eine wirtschaftliche Krisensituation Ihres Unternehmens für Mitarbeiter die Kündigung und damit eine Existenzbedrohung herausragender Art bedeuten, die vor allem dann als massiv erlebt wird, wenn aufgrund einer hohen Arbeitslosenrate die Wahrscheinlichkeit, einen neuen Job zu finden, sehr gering ist.

25 Balanced Lifestyle – Weniger ist mehr!

Sie haben Symptome wie Schlafstörungen, Muskelverspannungen, Magenschmerzen, hohen Blutdruck, sind müde, schnell gereizt und aggressiv und haben das Gefühl, auch in freien Zeiten wie Urlaub und Wochenenden, nicht richtig abschalten zu können.

Ihre Gedanken kreisen zum Großteil um Ihr Unternehmen: Der letzte Gedanke beim Einschlafen und der erste beim Aufwachen drehen sich um ungelöste Konflikte, Stress, Arbeitsüberlastung etc. Sie pflegen mittlerweile nur noch wenige Sozialkontakte und Ihre wenigen privaten Beziehungen im engsten Familienkreis leiden unter Ihrer physischen und geistigen Abwesenheit. Sie kommen spät abends nach Hause und verbringen dann die restliche Zeit mit der Suche nach Problemlösungsstrategien, die sich so nicht realisieren lassen, weil Sie den „Wald vor lauter Bäumen" nicht sehen:

Der weite Blick auf eine Lösung kommt
nur mit Distanz zu einem Problem!

Solche Befindlichkeitssymptome verursachen bei den Betroffenen einen unausgeglichenen Energiehaushalt: Das Unternehmen ist für Sie aufgrund bestimmter Bedingungen vom „Energiespender" (= Anerkennung, Status, Geld oder tiefe innere Befriedigung durch das Gefühl, Sinnvolles zu tun) zum „Energiefresser" geworden. Sie funktionieren nur noch, ohne dabei nachzudenken, wo Sie selbst mit Ihren Bedürfnissen bleiben! Sollte diese Phase sehr lange andauern, droht die Gefahr eines Burn-out (= Ausgebranntsein), der oftmals mit Lethargie, Depressionen und Arbeitsunfähigkeit einhergeht. Ich rate Ihnen daher dringend, Ihr Energiegleichgewicht auf Dauer wiederherzustellen.

Meine Empfehlung

Agieren Sie scheinbar paradox nach dem Motto: Weniger ist mehr! Ziehen Sie bewusst kurzfristig Ihre Energien aus dem Unternehmen ab, machen Sie einen gedanklichen Stopp, füllen Sie Ihre Energiereserven auf, setzen Sie Ihre Prioritäten im Leben neu unter dem Blickwinkel eines ausgeglichenen Energiehaushalts. Hilfreich können dabei Yoga, Sport, Hobbys oder soziale Kontakte sein – einfach alles, was zu Ihrer Entspannung beiträgt.

---

1. Psychologischer Background

Menschen, vor allem in verantwortungsvollen Positionen, tendieren dazu, über Jahre hinweg auf einem permanent hohen Stresslevel zu arbeiten. Die Gefühlslage bewegt sich in der Regel vom Zustand des Leidens, weil die eigenen Bedürfnisse völlig in den Hintergrund treten, einem Sich-selbst-nicht-mehr-spüren-Können beziehungsweise -Wollen, weil der Arbeitsalltag eine Innenschau nicht mehr zulässt, bis zu emotionalen Hochs (= Kicks). Diese werden durch besondere Highlights wie einen Karrieresprung, eine besondere Anerkennung durch den Arbeitgeber oder einen großen Auftrag ausgelöst. All dies wird konstruiert durch eine unternehmerische Haltung, die nur jenen Mitarbeitern zu Ehre und Ruhm verhilft, die bereit sind, ihre Seele für das Unternehmen in der Gewissheit zu verkaufen, dass dann ein Unternehmenserfolg garantiert ist. Das ist äußerst zweifelhaft. Mitarbeiter antworten auf diese meist unausgesprochene Unternehmenskultur dadurch, dass sie sich selbst verleugnen, um im Karussell der Macht einen Platz zu haben. Die Problematik dabei ist, dass sich die wahren Bedürfnisse eines Menschen auf Dauer niemals so zurückdrängen lassen, dass sie nicht in irgendeiner Form nach einer Befriedigung streben, im schlimmsten Fall durch das Auftreten von körperlichen Symptomen oder psychischen Erkrankungen!

2. Anleitung für die Praxis

Ich biete Ihnen hier ein Arbeitsmodell zum Thema Balanced Lifestyle an, das Ihnen ermöglicht, eigene Bedürfnisse zu leben, ohne die Kontrolle über Ihr Unternehmen zu verlieren. So einfach das Modell für Sie klingen mag, so schwierig kann es in der Umsetzung sein. Denn das Loslassen aus gewohnten und auch Sicherheit vermittelnden Strukturen fällt dann besonders schwer, wenn wir unseren gesamten Lebenssinn in der beruflichen Erfüllung sehen und davon auch emotional abhängig geworden sind. Darüber hinaus haben wir im Laufe der Jahre verlernt, das Leben mit anderen sinnstiftenden Tätigkeiten zu füllen. Um einen Ausstieg aus diesem bisher gelebten Modell zu finden, bedarf es eines hohen Leidensdrucks, eines starken Veränderungswillens und großer Disziplin. Das unten angeführte Modell kann Ihnen eine Stütze auf diesem Weg sein.

Ich empfehle Ihnen ein Arbeitsmodell, in dem Sie sich tageweise oder auch halbe Tage eine Auszeit nehmen. Die Gesamtwochenarbeitszeit sollte in diesem Modell nicht mehr als 30 bis 35 Stunden betragen, denn Sie brauchen Zeit für sich selbst. Dafür sollten jedoch Ihrerseits folgende Rahmenbedingungen geschaffen werden:

- Beschäftigen Sie sich mit dem Stellenwert, den Sie der Arbeit beimessen:
  - Beantworten Sie sich die Frage, wie Sie leben würden, wenn Sie weniger arbeiten könnten beziehungsweise müssten?
  - Was hat Sie bisher davon abgehalten, Ihr Leben auch außerhalb des Unternehmens zu gestalten?
  - Was brauchen Sie, um tageweise oder stundenweise von Ihrem Unternehmen loslassen zu können?
- Suchen Sie sich einen vertrauenswürdigen und kompetenten Menschen, der Sie vertritt.
- Entwickeln Sie eine klare Kompetenzaufteilung zwischen Ihnen und Ihrem Stellvertreter und halten Sie diese schriftlich fest.
- Treffen Sie klare Absprachen, bei welchen Ereignissen/Vorkommnissen Sie zu informieren sind.
- Legen Sie eine klare zeitliche Struktur in Bezug auf Ihre Anwesenheitszeiten in der Firma fest.
- Disziplinieren Sie sich in Bezug auf die Einhaltung dieser Struktur.
- Beschäftigen Sie sich mit den Fragen:
  - Wie kann ich mich am besten regenerieren?
  - Wie gestalte ich meine Freizeit?
  - Was macht mir Spaß/Freude?
  - Was brauche ich, damit ich mich in meiner Freizeit nicht mit Gedanken an die Firma belaste?

3. Wichtig!

Vertrauen Sie darauf, dass Ihr Unternehmen nicht gleich zusammenbricht, wenn Sie die Kontrolle über Ihr Unternehmen entweder über einen begrenzten Zeitraum hinweg zur Gänze oder tageweise/stundenweise pro Woche abgeben und loslassen. Gut geführte Unternehmen profitieren über Monate von den geschaffenen Strukturen und Prozessen, ohne dass der Geschäftsinhaber persönlich anwesend sein muss. Jedoch brauchen Sie in beiden Fällen einen kompetenten Vertreter im Unternehmen, dem Sie vertrauen können und der Ihre Mitarbeiter in der Zwischenzeit führt und die Prozesse steuert.

II Mitarbeiterführung

So wie Sie als Unternehmer gut daran tun, sich selbst in Ihrer Rolle als Entscheidungsträger zu führen, so ist es auch Ihre Aufgabe als Führungskraft, Ihre Mitarbeiter zu führen und anzuleiten. Wie ich im Folgenden ausführlich beschreiben werde, besteht ein direkter Zusammenhang zwischen Mitarbeiter- und Kundenzufriedenheit und wirtschaftlichem Erfolg – zahlreiche wissenschaftliche Studien untermauen dies. Das sollte Sie dazu veranlassen, Ihren Umgang mit den Mitarbeitern näher zu betrachten und auch die Mitarbeiterzufriedenheit zu analysieren.

Ein wesentlicher Baustein des Unternehmenserfolgs ist die Kundenzufriedenheit. Beginnt der oftmals steinige Weg zur Kundenzufriedenheit über die Mitarbeiter, so muss auch die Mitarbeiterzufriedenheit Teil Ihres Führungsziels sein. Spätestens in diesem Punkt zeigt sich, dass der Baustein der Mitarbeiterführung oftmals entweder nur „stiefmütterlich" behandelt oder gar übersprungen wird und der Kunde isoliert von Beratungsleistung oder Produkt wahrgenommen wird. Dieser Zustand mag darin begründet sein, dass Menschen in wirtschaftlichen Bezügen zunehmend versachlicht werden, das Hauptaugenmerk von Unternehmen auf die Kontrolle von Gewinn und Verlust ausgerichtet wird und daher Einflussgrößen wie das Beziehungsgeschehen zwischen Unternehmer, Mitarbeitern und Kunden vernachlässigt werden. Emotionale Qualitäten von Menschen im wirtschaftlichen Umfeld werden negiert, verdrängt, verleugnet und unterdrückt, weil sie in der stringenten Ausrichtung auf den finanziellen Erfolgskurs eines Unternehmens keinen Platz haben. Trotzdem existieren sie.

Diese Tatsache müsste genügen, damit Unternehmen einen anderen Weg als den bisher gegangenen einschlagen. Was hier außer Acht bleibt, ist, dass die „Verleugnung"[22] emotionaler Befindlichkeiten der Mitarbeiter sich auf das Kaufverhalten einer Gesellschaft auswirkt. Mitarbeiter, die im großen Stil von Kündigungen betroffen sind, vergessen dies nicht und verhalten sich dementsprechend. Die Zurückhaltung im Kaufverhalten aus Angst vor Arbeitsplatzverlust und aufgrund von Existenzsorgen ist nicht nur eine Folge der Massenarbeitslosigkeit, sondern eine Art passiver Widerstand, eine heimliche Rache an Unternehmen, welche die Menschen motiviert, ihr Geld lieber unter das Kopfkissen zu legen, als es auszugeben.

Dadurch beginnt eine Spirale, in der verringertes Kaufverhalten wiederum automatisch einen Stellenabbau nach sich zieht. Das, was uns die Wirtschaft tagtäglich zu suggerieren versucht, nämlich die dringende Nachfrage nach Gütern, die innerhalb der Bedürfnispyramide mehr als nur den notwendigen Lebensunterhalt decken, greift plötzlich nicht mehr. Die Suggestion verliert ihre Wirkung in dem Moment, in dem wir beginnen, um unsere Existenz zu fürchten.

Was ist daher aus der Sicht von Unternehmen zu tun? Die Erkenntnis des Zusammenhangs zwischen Mitarbeiterzufriedenheit und Kundenzufriedenheit sowie das Bedürfnis von Menschen nach Existenzsicherung lässt nur ein Ergebnis zu: den Mitarbeiter als Menschen wieder in den Mittelpunkt von unternehmerischen Entscheidungen zu stellen. Gleiches gilt im Übrigen selbstverständlich auch für den Kunden!

Machen Sie sich bewusst, dass Ihre Mitarbeiter wie Sie selbst auch Emotionen haben, die den Arbeitsalltag in negativer oder positiver Art und Weise beeinflussen. Erst die Wahrnehmung und Akzeptanz von Gefühlen und eine davon unabhängige Wertschätzung dem Menschen und seiner Arbeitskraft gegenüber bringt den wirtschaftlichen Erfolg, auch ohne Stellenabbau. Wobei man im Fall des Stellenabbaus sowieso nicht mehr vom Erfolg eines Unternehmens im eigentlichen Sinn sprechen kann, sondern wohl eher von einem Aderlass, der das Unternehmen nur kurzfristig reinigt. Ob dadurch jedoch ohne folgendes Umdenken eine langfristige Gesundung der Firma erreicht wird, steht zu bezweifeln.

26 Qualifiziertes Personal – Suchen Sie nach kompetenten Mitarbeitern!

Sie kennen vielleicht das geflügelte Wort: „Ein erstklassiger Chef hat erstklassige Mitarbeiter, ein zweitklassiger Chef hat drittklassige Mitarbeiter." Zu welcher Kategorie von Chef gehören Sie? Sind Sie davon überzeugt, dass Sie jeden bestqualifizierten und engagierten Mitarbeiter einstellen, den Sie für eine bestimmte Position mit einem bestimmten Gehalt bekommen können? Die Realität sieht entgegen Ihrer Ansicht, die ich an dieser Stelle vorwegnehme, anders aus.

Besonders Chefs, die sich im Hinblick auf ihre Fähigkeiten und auf ihre Rolle als Arbeitgeber sehr unsicher fühlen, suchen sich auf einer unbewussten Ebene Mitarbeiter, die ihnen nicht gefährlich werden können. Entweder haben diese Mitarbeiter nicht das Fachwissen ihres Chefs, sind selbst verunsicherte und schüchterne Persönlichkeiten oder sie haben nicht gelernt, sich gegen Autoritäten aufzulehnen. In diesen Fällen kommt es auf der Ebene Arbeitgeber – Mitarbeiter zu keinem Bedrohungsszenario, bei dem der Mensch und Unternehmer verbal oder nonverbal angegriffen oder infrage gestellt wird. Bei Chefs mit einem niedrigen Selbstwertgefühl ist selbst die Tatsache der Anwesenheit des Mitarbeiters, das heißt die Existenz eines Menschen und sein Verhalten, schon ausreichend, um Gefühle des Versagens, der Wertlosigkeit und in der Folge von Eifersucht, Neid und Konkurrenz auszulösen. Der Chef wird in einem solchen Beziehungsgefüge versuchen, auf der fachlichen und emotionalen Ebene die „Oberhand" zu behalten. Das unausgesprochene Thema, das die Beziehung dominiert, ist die Frage nach Macht.

„Beliebte Strategien" bei diesen Machtspielen sind zum Beispiel:

- ▶▶ Die Suche nach Sündenböcken, wobei immer der gleiche Mitarbeiter Schuld hat. Dies bildet sehr oft den Ausgangspunkt für Mobbing.

- ▶▶ Das Beharren auf der eigenen Machtposition kraft seiner Funktion. Dies beinhaltet die Möglichkeit der Alleinherrschaft – häufig ohne fachlichen Anspruch.

- ▶▶ Eine Kampfansage an den/die Mitarbeiter, die in Form arbeitsrechtlicher Streitigkeiten endet und deren Gründe im Nachhinein kaum noch nachvollzogen werden können. Machtkämpfe werden per Gesetz ausgefochten, indem einst begangene Fehler summiert und zur Tragödie eines Unternehmens hochstilisiert werden.

- ▶▶ Ein bewusstes Einfrieren der Karriereentwicklung des/der Mitarbeiter/s, ohne dafür eine triftige Begründung liefern zu können. Besonders leistungsfähigen und -willigen Mitarbeitern wird mit Ausreden wie „aufgrund unserer finanziellen Situation, fehlender Stellen" und so weiter der Weg nach oben verschlossen. De facto gibt es aber Mitarbeiter, die im selben Unternehmen mit den gleichen oder sogar geringeren Qualifikationen befördert werden.

Meine Empfehlung

Die Energie, die Sie brauchen, um Machtkämpfe zu inszenieren, weil Sie sich angesichts kompetenter und fähiger Mitarbeiter bedroht fühlen, sollten Sie besser auf die Verfolgung Ihrer Unternehmensziele ausrichten. Der Unternehmenserfolg wird Ihnen Recht geben!

1. Psychologischer Background

Im negativen Sinn Macht über andere auszuüben besitzt für viele Menschen etwas sehr Lustvolles. Durch das Zepter in der Hand wollen sie dem Gegenüber nicht nur zeigen, dass sie den erleuchteten Weg der Wahrheit gefunden haben, sie ergötzen sich auch am Leid der anderen, das sie oftmals selbst verursacht haben. Denn es erhöht ihren Selbstwert, wenn sie den anderen kleiner machen.

2. Anleitung zur Selbstreflexion

Ich gebe Ihnen hier einige Anregungen, wie Sie es schaffen können, aus der eigenen destruktiven Machtfalle auszusteigen:

▸▸ Nehmen Sie zuerst bei sich wahr, welche Gefühle ein besonders kompetenter Mitarbeiter bei Ihnen auslöst!

▸▸ Wenn Sie wählen könnten: Würden Sie ihn/sie befördern und zu Ihrem Stellvertreter machen oder lieber entlassen?

▸▸ Haben Sie Angst davor, dass er/sie irgendwann Ihre Stelle einnehmen könnte? Fühlen Sie sich bedroht, wenn Sie Ihren Stuhl „wackeln" sehen?

   ▸ Erklärung: Das von Ihnen subjektiv wahrgenommene Bedrohungsszenario hat nicht immer mit der Person des Mitarbeiters zu tun! Es werden dadurch nur alte Wunden aufgerissen, die man Ihnen im Laufe Ihres Lebens zugefügt hat.

   ▸ Sätze in Ihrer Kindheit,
   „Das kannst du ja sowieso nicht",
   „Das hast du schon wieder falsch gemacht",
   „Du bist zu dumm dafür",
   haben Sie zu dem gemacht, der Sie nun sind. Solche Glaubenssätze sorgen dafür, dass Sie misstrauisch reagieren und überall Feinde sehen.

Führen Sie sich vor Augen, was Sie bisher in Ihrem Leben geschafft haben, dann verlieren diese Sätze ihre Macht und Sie müssen sich und anderen nicht beweisen, dass Sie besser sind, als man Ihnen in Ihrer Kindheit erzählt hat.

3. Anleitung für die Praxis

Achten Sie bei der Einstellung von Mitarbeitern grundsätzlich auf:

▸▸ Qualifikation und möglicherweise Doppelqualifikation: Ist die Qualifikation „nur" deckungsgleich mit dem Aufgabengebiet oder kann der Bewerber noch mehr? Wofür könnte die Zusatzqualifikation noch eingesetzt werden?

▸▸ Berufserfahrungen: Sind die bisherigen Praxiserfahrungen von Relevanz für das Unternehmen?

▸▸ Lebenserfahrungen: Sind bestimmte Ereignisse von Vorteil oder Nachteil für das Unternehmen (zum Beispiel Auslandseinsätze, Mutterschaft, häufige Stellenwechsel …)?

▸▸ Eigenschaften und Persönlichkeitsanteile: Welche Charaktereigenschaft fällt Ihnen im Gespräch besonders auf und kann diese für die Position nützlich sein (zum Beispiel besonders seriös im Auftreten, besonders schnell im Denken …)?

➤➤ Gefühle, die er/sie bei Ihnen auslöst: Fühlen Sie sich im Bewerbungsgespräch gelangweilt, empfinden Sie Spannung beim Zuhören, fühlen Sie sich bedrängt oder verärgert? Entscheiden Sie, ob Sie einen Mitarbeiter, der eine ganz bestimmte Atmosphäre verbreitet, für diese Position gebrauchen können.

➤➤ Wenn Sie im Zweifel sind, stellen Sie den Mitarbeiter nicht ein.

4. Wichtig!

Macht in seiner ursprünglichen Bedeutung heißt, die Macht zu haben, etwas zu bewerkstelligen, zu bewegen, voranzubringen, und hat keinesfalls einen negativen Touch. Wenn Sie etwas Positives mit Ihrer Macht schaffen wollen, stehen Sie auch dazu.

27 Alterszusammensetzung Ihres Teams – Sie benötigen Lebens- und Berufserfahrung und aktuelles Fachwissen gleichzeitig

Sie haben eine kleine Firma gegründet und sehr junge Mitarbeiter engagiert, die nicht nur ausgezeichnetes Fachwissen mitbringen, sondern auch gern unbezahlte Überstunden leisten (weil sie ehrgeizig sind und noch keine Familie gegründet haben), gern auch Dienstreisen antreten (weil sie die Welt sehen möchten) und sehr flexibel einsetzbar sind. Eigentlich müssten Sie zufrieden sein mit dieser Situation, wenn Sie nicht die Erfahrung machen müssten, dass Sie der Einzige in der Firma sind, der weiß, welche langfristigen Konsequenzen das manchmal strukturlose und ungeplante Vorgehen Ihrer Mitarbeiter zur Folge hat, und der beispielsweise auch erkennt, wo sich neue Märkte auftun.

All das lastet auf Ihnen. Aufgrund Ihres Alters und Ihrer Lebens- und Berufserfahrung weisen Sie einen bestimmten Reifegrad auf, und Sie können die Erfahrungen der Vergangenheit auf die Gegenwart und Zukunft des Unternehmens übertragen. Wie schon im Kapitel I.2: „Unternehmensführung im Alleingang?" beschrieben, sollte im Sinne einer guten Psychohygiene die Leitung eines Unternehmens nicht auf einem einzigen Schulterpaar ruhen. Dem können Sie entgegenwirken, indem Sie Ihr Team in der Alterszusammensetzung staffeln: Ältere Mitarbeiter bringen Erfahrung und die Fähigkeit mit, Situationen und deren mittel- und langfristige Konsequenzen adäquat einzuschätzen und danach zu handeln. Jüngere Mitarbeiter bringen aktuelles Fachwissen, Mobilität und Flexibilität mit. Die Kombination aus Lebens- und Berufserfahrung und aktuellem Fachwissen innerhalb einer Teamstruktur deckt zum einen in ihrer Summe alle Anforderungen, die an die Mitglieder einer Organisation gestellt werden, ab. Zum anderen entsteht dadurch zwischen den Teammitgliedern ein fruchtbarer Lernprozess, dessen Resultat ein hohes Wissensniveau darstellt, das Sie durch Aus-, Fort- und Weiterbildungen nicht erreichen können.

Schließlich müssen Systeme wie Unternehmen, um am Leben gehalten zu werden, im energetischen Fluss bleiben: Dem Unternehmen muss neue unverbrauchte Energie zugeführt werden, um dadurch verbrauchte Energien entsorgen zu können. Dieser Prozess beinhaltet zum Beispiel die Einstellung neuer Mitarbeiter, die Entdeckung neuer Märkte, neue Aufgabenstellungen und Entwicklungsmöglichkeiten.

Systeme brauchen Austausch, sonst lähmen sie sich selbst,
erstarren und verschwinden vom Markt!

Meine Empfehlung

Besetzen Sie die Positionen in Ihrem Team mit Mitarbeitern verschiedenster Altersstufen – von ganz jung bis kurz vor der Rente. Sie erreichen dadurch, dass nicht zu viel auf Ihnen lastet, betreiben also Psychohygiene, und versorgen das Unternehmen mit neuer Energie.

1. Psychologischer Background

Unternehmen vernachlässigen oft die enormen Chancen auf ein gewachsenes Wissensreservoir, das auf Erfahrung beruht, wenn sie ausschließlich junge Mitarbeiter einstellen. Darüber hinaus stabilisieren ältere Beschäftigte Unternehmen durch ihren kontinuierlichen Einsatz. Der „unruhige Geist" jüngerer Mitarbeiter, die viel ausprobieren und durch den Wechsel zu anderen Unternehmen ihre Karriere beschleunigen wollen, bringt auch tatsächliche Unruhe in einen Betrieb. Die Suche nach neuen Mitarbeitern und Einarbeitungsphasen kosten nicht nur Zeit und Geld, ein häufiger Mitarbeiterwechsel bringt auch oftmals einen Verlust an Informationen und Know-how mit sich. Das schlägt sich wiederum auf den Arbeitsablauf und die Qualität der Arbeit nieder.

Ältere Mitarbeiter hingegen fordern mehr Gehalt und tun sich unter Umständen schwerer, den gestiegenen Anforderungen ihrer Position gerecht zu werden. Besonders der Umgang mit neuester Technik und das Erlernen von weiteren Fremdsprachen beispielsweise fallen vielen nicht leicht. Ängste und Widerstände beim Erwerb zusätzlicher Qualifikationen bestimmen daher die Befindlichkeiten und Verhaltensweisen von älteren Angestellten, was sie für

Unternehmen weniger profitabel erscheinen lässt. Die Lösung liegt in der Wertschätzung, im Eingehen auf vorhandene Ängste und im adäquaten Einsatz der Mitarbeiter.

2. Anleitung für die Praxis

Die entscheidende Frage, mit der Sie sich als Unternehmer beschäftigen sollten, ist die nach einem adäquaten Umgang mit Ihren älteren Angestellten. Dies beinhaltet Motivationsarbeit hinsichtlich des Erlernens neuer Qualifikationen und den gezielten Einsatz der Mitarbeiter an den Stellen im Unternehmen, die deren Stärken noch besser zur Geltung bringen. Das erfordert allerdings auch betriebliche Rahmenbedingungen, nach denen zum Beispiel trotz dünner Personaldecke Mitarbeiter Bildungsangebote in Anspruch nehmen können, was in Kleinbetrieben eine besondere Herausforderung darstellt. Dazu kommt noch der finanzielle Aufwand für solche Angebote. Ich rate daher insbesondere Entscheidungsträgern von kleineren Betrieben, den Nutzen von Qualifizierungsmaßnahmen einer genauen Reflexion zu unterziehen. Stellen Sie sich folgende Fragen:

» Welchen kurz-, mittel- und langfristigen Nutzen erwarte ich als Arbeitgeber von einer Qualifizierungsmaßnahme?

» Welche Nebeneffekte können vermutlich durch eine Aus-, Fort- und Weiterbildung des Mitarbeiters X noch auftreten (zum Beispiel: mehr Engagement, Dienstreisen, eigene Entlastung durch Übernahme von Geschäftsessen mit ausländischen Gesprächspartnern …)?

» Welche realen Einsparungen könnte ich aufgrund der Qualifizierung von Herrn X vornehmen?

Wenn Sie sich als Arbeitgeber trotz schwieriger Bedingungen für Qualifizierungsmaßnahmen Ihrer Mitarbeiter entschieden haben, können Sie die Motivationsarbeit gerade bei älteren Angestellten folgendermaßen gestalten:

» Erfragen Sie Folgendes bei sichtbarem Widerstand eines älteren Mitarbeiters in Bezug auf eine Aus-, Fort- und Weiterbildung:

  › Ich höre oder sehe, dass Sie Bedenken haben, das Seminar X zu besuchen. Stimmt das? Was spricht aus Ihrer Sicht dagegen?

  › Was brauchen Sie von mir als Arbeitgeber, damit Ihre Bedenken etwas in den Hintergrund treten?

  › Welche Art der Aus-, Fort- und Weiterbildung ist Ihnen angenehm? Mit Übernachtung/ohne Übernachtung? Mehrtägige Seminare/wöchentliche Einmalveranstaltungen? In der Nähe des Firmensitzes/im gesamten Bundesgebiet?

Bedenken Sie: Die Belohnung für den Erwerb weiterer Qualifikationen liegt häufig nicht wie bei jüngeren Mitarbeitern in einem weiteren Karrieresprung. Ältere Angestellte fragen sich eher: Wozu brauche ich das noch?

▸▸ Beantworten Sie diese Frage immer im Hinblick auf das Unternehmen, denn nur innerhalb dieses Systems können Sie als Arbeitgeber eine glaubhafte Antwort geben:
„Das Unternehmen braucht Sie und neue Qualifikationen!"

▸▸ Sollten Sie nicht in der Lage sein, den Widerstand des Mitarbeiters aufzulösen und seine Ängste zu beseitigen – das kann auch nach erfolgtem Wissenserwerb der Fall sein, wenn es zu keiner Anwendung des erlernten Wissens kommt –, akzeptieren Sie dies. Suchen Sie Aufgabenstellungen, die den Stärken des Mitarbeiters mehr entsprechen.

3. Wichtig!

Durch eine gemischte Altersstruktur erreichen Sie noch einen weiteren großen Vorteil: Ein häufiger Wechsel der Mitarbeiter aufgrund von Elternzeit, Altersruhestand und so weiter bringt mehr Flexibilität und einen höheren finanziellen Handlungsspielraum, als wenn Ihre Teamstruktur aus Mitarbeitern besteht, die alle gleich alt und in ähnlichen Lebenssituationen sind.

28 Optimaler Einsatz von Mitarbeitern – Kennen Sie die Stärken und Schwächen Ihrer Mitarbeiter?

Sie sind überzeugt, dass Sie die Fähigkeiten und Unfähigkeiten Ihrer Mitarbeiter kennen. Aber wissen Sie wirklich genau, für welche Tätigkeiten Herr X aufgrund welcher Qualifikation, welcher Stärken und Schwächen besonders geeignet ist? Und wenn Sie dies genau wissen, setzen Sie Herrn X in Ihrem Unternehmen auch wirklich so ein, dass er im Sinne des Unternehmens optimalen Einsatz bringen kann?

In vielen Unternehmen herrscht die irrige Meinung, alle Mitarbeiter hätten unter der Voraussetzung der gleichen Qualifikation ähnliche Stärken und Schwächen, woraus abgeleitet werden kann, dass Mitarbeiter oftmals Positionen besetzen, auf denen sie an Überforderung oder an Unterforderung leiden. Beide Gefühlslagen tragen wenig zum Unternehmenserfolg bei.

Mitarbeiter, die sich überfordert fühlen, scheinen oftmals „faul, bequem, unmotiviert ..." zu sein. Ein Teufelskreis beginnt, wenn dieses Stigma bereits vorhanden ist. Denn die Mitarbeiter werden sich genau in diese Richtung entwickeln. Die Ursache für die angedichteten Eigenschaften ist allerdings nach außen hin unbekannt und jene Mitarbeiter, die sich überfordert fühlen, machen dies in der Regel dem Arbeitgeber gegenüber nicht deutlich.

Besonders ehrgeizige Mitarbeiter hingegen, die sich unterfordert fühlen, lassen dies ihren Arbeitgeber wissen, was jedoch auch keine unmittelbare positive Konsequenz nach sich ziehen muss: Man denkt, man könnte dem Mitarbeiter aufgrund der Kleinheit des Unternehmens keine andere Stelle oder/und mehr Gehalt bieten. So bleibt der Mitarbeiter dort, wo er sich gerade befindet. Irgendwann gerät er, nachdem er schon mehrmals um eine Veränderung gebeten hat, in die Mühlen der Vergessenheit bis zu dem Zeitpunkt, an dem er das Unternehmen aus Mangel an Entwicklungschancen verlässt oder sich damit abfindet und seinen Arbeitsalltag ohne besonderes Engagement herunterspult (= innere Kündigung). Sie haben also auf jeden Fall einen guten Mitarbeiter verloren, weil er entweder geht, keine besonderen Leistungen mehr erbringt oder sein Entwicklungspotenzial nicht voll ausgeschöpft wird.

Meine Empfehlung

Analysieren Sie für sich genau, was der einzelne Mitarbeiter außer seiner Qualifikation an Stärken, aber auch an Schwächen mitbringt. Setzen Sie ihn dort ein, wo seine Stärken am besten zur Geltung kommen, denn es ist wesentlich leichter, an den Stärken zu arbeiten, als Schwächen auszugleichen!

1. Psychologischer Background

Menschen neigen aufgrund ihrer Sozialisation mehr dazu, den Schwerpunkt ihrer Aufmerksamkeit auf das zu legen, was sie als Fehler, Schwäche oder auffälliges Verhalten erkennen. Dadurch können sie sich im positiven Sinne von ihnen abgrenzen, was vor allem ihrem Selbstwert gut tut. Sehr viel schwerer fällt es uns, zu sehen, was unser Gegenüber gut kann oder welche besonderen und herausragenden Leistungen die Person zeigt. Dies führt manchem von uns seine eigenen (scheinbaren) Defizite vor Augen und erschüttert unser Selbstwertgefühl (siehe auch Kapitel II/26: „Qualifiziertes Personal"), woraus wir die logische Konsequenz ziehen: Wir beschäftigen uns viel lieber mit Menschen, die uns „nicht das Wasser reichen können"!

2. Anleitung für die Praxis

Mitarbeiter, die offensichtlich oder auch unausgesprochen an Über- beziehungsweise Unterforderung leiden, sollten Sie auf jeden Fall ernst nehmen. Handeln Sie auch dementsprechend! Diese Mitarbeiter gestalten nicht nur den Ruf des Unternehmens mit, sondern fügen ihrem Arbeitgeber auch Schaden zu, weil in beiden Fällen ihr Potenzial nicht richtig eingesetzt ist. Ich biete

Ihnen hier einige Vorschläge in Bezug auf alternative Möglichkeiten des Personaleinsatzes:

▸▸ Haben Sie als Arbeitgeber derzeit keine Stelle zur Verfügung, die eine Entwicklungsmöglichkeit für den Mitarbeiter darstellen könnte, so geben Sie ihm Sonderaufgaben mit Entfaltungsmöglichkeiten und, wenn möglich, einen finanziellen Ausgleich. Bleiben Sie mit diesem Mitarbeiter über eine berufliche Veränderung im Unternehmen so lange im Gespräch, bis Sie ihm etwas anbieten können.

▸▸ Geben Sie einem Mitarbeiter, der auf einer bestimmten Position nicht optimal eingesetzt ist, ein entsprechendes Feedback und bieten Sie entweder eine andere Stelle oder andere Schwerpunkte der Tätigkeit an. Betonen Sie dabei, dass er für das Unternehmen trotzdem wertvolle Arbeit leistet, sonst demotivieren Sie ihn. Es sei denn, Sie halten ihn für völlig ungeeignet, dann sollten Sie an Kündigung denken.

▸▸ Wenn die Größe des Unternehmens und die Unternehmensstruktur es zulassen, versuchen Sie einen Wechsel der Positionen in einem bestimmten zeitlichen Rhythmus. So können Sie garantieren, dass Sie unterforderte Mitarbeiter entwickeln und überforderten Mitarbeitern die Möglichkeit geben, im Unternehmen zu verbleiben. Zudem werden Sie die Arbeitsmotivation steigern, wenn Sie Mitarbeitern in gewissen Abständen neue Aufgaben anbieten!

▸▸ Während es leicht ist, unterforderte Mitarbeiter auf angemessene Stellen zu setzen, ist es wesentlich schwieriger, überforderte Mitarbeiter an den richtigen Platz zu bringen. Wenn der Mitarbeiter sich nicht selbst outet (was de facto nicht so schnell passieren wird), müssen Sie an bestimmten Anzeichen erkennen, ob er Symptome der Überforderung zeigt. Diese könnten zum Beispiel sein:

▸ Anzeichen und Häufigkeit von körperlichen oder psychosomatischen Erkrankungen

▸ wenig Stressresistenz

▸ geringe „Frustrationstoleranz"[23]

▸ Gereiztheit bis zu aggressivem Verhalten

▸ niedriges Arbeitstempo

▸ hohe „Antriebsarmut"[24]

▸ Arbeitsverweigerung bei neuen/zusätzlichen Aufgaben

▸ Müdigkeit

▸ permanente Rückversicherung bei Ihnen oder Kollegen

▸ hohe Fehlerquote

▸ der Wunsch nach vielen Auszeiten

▸ viele Pausen zwischendurch

Dies sind ein paar wenige Faktoren, die nicht im Einzelnen, aber gehäuft oder in ihrer Summe darauf hinweisen, dass die Anforderungen der Arbeitsstelle nicht deckungsgleich mit dem Leistungsvermögen Ihres Mitarbeiters sind.

3. Formulierungshilfe für die Praxis

Wenn Sie dann das heikle Thema der Überforderung ansprechen, könnten Sie es mit folgenden Formulierungen versuchen:

▸▸ Ich merke, dass Sie (zählen Sie hier ein paar Symptome auf, die Ihnen aufgefallen sind) ...

▸▸ Kann es sein, dass Ihnen die Arbeit oftmals zu viel wird, oder hat das andere Gründe?

▸▸ Wenn Sie einen Zusammenhang zu Ihrer Aufgabenstellung sehen, könnten wir versuchen, gemeinsam eine Lösung für Ihr Problem zu finden ...

▸▸ Schildern Sie mir genau Ihr Problem ...

▸▸ Sie wissen, dass das die Anforderungen an den Stelleninhaber sind?

▸▸ Wie müsste ein Stellenprofil aussehen, das passend für Sie wäre?

▸▸ Im Konkreten kann ich Ihnen das so nicht bieten, aber wir hätten eine Stelle mit ähnlichen Vorgaben.

▸▸ Denken Sie in Ruhe darüber nach, was Sie davon halten; wir werden zu einem späteren Zeitpunkt noch einmal darüber sprechen ...

oder

▸▸ Ich sehe mich gezwungen, Sie anderweitig einzusetzen, weil Sie aus folgenden Gründen nicht den Anforderungen der Stelle entsprechen ...

▸▸ Ich schätze jedoch Ihre Fähigkeiten in den Bereichen Y und Z sehr und darum ist mir daran gelegen, dass Sie bei uns bleiben und wir eine gute Lösung finden.

4. Wichtig!

Der Grad der Wertschätzung, den Sie einem Mitarbeiter in solchen Gesprächen entgegenbringen, hat einen großen Einfluss darauf, ob und inwieweit er sich auf eine neue Stelle ohne Probleme einlassen kann.

29 Präsenz im Unternehmen – Geben Sie Ihren Mitarbeitern das Gefühl, für sie da zu sein!

Ihnen fallen mit Sicherheit einige Ungeschicktheiten ein, die Ihnen im Laufe Ihres Berufslebens mit Ihren Mitarbeitern passiert sind: Nach einjähriger Firmenzugehörigkeit sind Sie noch immer nicht in der Lage, den ausländischen Namen Ihrer Reinigungskraft auszusprechen (der Vorname muss genügen). Von einigen neuen Mitarbeitern haben Sie bisher nur gehört, vorgestellt haben Sie sich bisher nicht (obwohl Ihr Unternehmen „nur" 100 Mitarbeiter hat). Im Flur haben Sie im Vorbeieilen einen lautstarken Konflikt zwischen einem Mitarbeiter und einem Kunden mitbekommen; nachgegangen sind Sie dem nicht. Sie ahnen, dass es zwischen zwei Abteilungen keine Kooperation gibt, weil Ihre Abteilungsleiter seit Jahren nicht mehr miteinander sprechen – und so weiter. Vordergründig denken Sie, dass Sie einfach keine Zeit haben, sich mit den Menschen, die für Sie arbeiten, auseinanderzusetzen, in den Dialog zu treten oder sie auch zu korrigieren.

Ihre Arbeitsphilosophie lautet:
Ihre Mitarbeiter bekommen Gehalt dafür,
dass sie eine bestimmte Tätigkeit ausüben.
Wozu muss man sich da noch näher mit ihnen beschäftigen?
Es handelt sich nur um Personal.

Die Leistung Ihrer Mitarbeiter wird zwar durch das Gehalt abgegolten. Aber sie werden diese Leistung lustvoller, engagierter und mit mehr Output erbringen, wenn sie merken, dass ihr Chef sie nicht nur beim Namen kennt, sondern sie vor allem in schwierigen Arbeitssituationen nicht allein lässt. Wie Sie sicher selbst auch die Erfahrung gemacht haben, reichen berufliche Erfahrung und Qualifikation nicht immer aus, um bestimmte Situationen zu meistern: Man braucht eine Vertrauensperson, die zuhört, einen fachlichen Ratschlag erteilt oder jemanden kennt, der zur Problemlösung beitragen kann. In Ihnen entsteht das Gefühl, nicht allein zu sein. Und genau dieses Gefühl brauchen Ihre Mitarbeiter auch von Ihnen, um ein Stück zum Unternehmenserfolg beitragen zu können.

Zur Vertrauensperson auf dieser Ebene werden Sie dann, wenn Ihre Mitarbeiter für begangene Fehler (solange es sich nicht um Kapitalfehler handelt) von Ihnen nicht „bestraft" und für Unterlassenes nicht respektlos behandelt werden und nur bis zu einem gewissen Grad zur Rechenschaft gezogen werden: Ihre Mitarbeiter müssen angstfrei arbeiten können. Ihre Rückmeldungen sollten wertfrei und auf die Zukunft ausgerichtet sein.

Meine Empfehlung

Stellen Sie sich gedanklich hinter Ihre Mitarbeiter: Nicht Ihre Mitarbeiter arbeiten für Sie, sondern Sie arbeiten für Ihre Mitarbeiter, damit diese den Berufsalltag zum Vorteil Ihres Unternehmens meistern können. Dafür brauchen sie Sie.

1. Psychologischer Background

Wir alle haben manchmal das Gefühl, allein oder von anderen im Stich gelassen worden zu sein: von den Eltern, Freunden, Lebenspartnern. Dies muss nicht immer der Wirklichkeit entsprechen. Vielmehr ist es ein Gefühl, das uns seit unserer Kindheit begleitet, weil wir in dieser frühen Phase unseres Lebens physisch und/oder emotional uns selbst überlassen wurden und wir seither versuchen, dieses „Loch" – den Mangel an Geborgenheit (als Gegenpart zur Einsamkeit) – zu füllen. Wir haben nicht gelernt, uns selbst zu genügen, und sind immer wieder auf ein reales Gegenüber angewiesen – auch im beruflichen Kontext.

2. Anleitung für die Praxis

Hier biete ich Ihnen einige Vorschläge, wie Sie Präsenz im Unternehmen zeigen können, ohne dabei immer persönlich anwesend sein zu müssen:

▸▸ Bei einer überschaubaren Firmengröße sollten Sie zumindest die Namen aller Ihrer Mitarbeiter kennen und wissen, welches Gesicht zu welchem Aufgabengebiet gehört.

▸▸ Stellen Sie Ihren Mitarbeitern Ihr Know-how zur Verfügung! Sie befähigen Ihre Mitarbeiter dadurch, zu einem späteren Zeitpunkt Aufgaben ohne Ihre Anweisungen adäquat zu erledigen.

▸▸ Lassen Sie Ihre Mitarbeiter in Problemsituationen mit Kunden nicht allein! Es reicht ein gemeinsames Gespräch über eine mögliche Problemlösung. Sind Sie aufgrund der Firmengröße nicht in der Lage, dies selbst zu tun, muss klar sein, wer dafür Ansprechpartner ist.

▸▸ Treten Sie mit Ihren Mitarbeitern in Beziehung, auch wenn es nur punktuelle Rundgänge mit kurzen Gesprächen sind. Sie müssen nicht permanente Anwesenheit signalisieren.

▸▸ Klären Sie mit Ihren Mitarbeitern, über welche Ereignisse im Unternehmen Sie auf jeden Fall zu informieren sind.

▸▸ Signalisieren Sie durch eine offene oder auch geschlossene Bürotür, wann Sie für spontane Gespräche zwischendurch zur Verfügung stehen.

‣ Machen Sie Ihre Termine so transparent, dass Ihre Assistentin nachvollziehen kann, wann Sie außer Haus sind.

‣ Vermitteln Sie Ihren Mitarbeitern, dass Sie in Bezug auf Informationen immer auf dem aktuellen Stand sind, indem Sie selbst durch Fragen permanent Informationen einholen.

‣ Führen Sie Konfliktsituationen einer Lösung zu, indem Sie diese an dafür zuständige Mitarbeiter delegieren. Lassen Sie nichts offen!

3. Wichtig!

Wenn es sich um eine vertrauensvolle Beziehung auf der Ebene Arbeitgeber – Arbeitnehmer handelt, kann das Gefühl der Anwesenheit oder auch geistigen Präsenz des Arbeitgebers den Mitarbeitern Halt geben (ansonsten kann Ihre Anwesenheit genau das Gegenteil bewirken!). Eine Grundvoraussetzung, um den Leistungsanforderungen gerecht zu werden!

30 Stellenbeschreibungen und Zielvereinbarungen – Formulieren Sie Ihre Erwartungen!

Wie die inhaltlichen Anforderungen, die Sie als Arbeitgeber täglich an Ihre Mitarbeiter stellen, in der Praxis umgesetzt werden, stellt eine der wichtigsten unternehmerischen Fragestellungen dar:

Wie bringe ich Mitarbeiter dazu,
das zu tun, was sie tun sollten?

Aus Erfahrung wissen Sie, dass nicht immer alles so umgesetzt wird, wie Sie sich das vorstellen oder wie die betrieblichen Rahmenbedingungen dies erfordern. Möglicherweise waren Sie lange der Überzeugung, Ihre Mitarbeiter hätten davon Kenntnis, was sie wann, wie und zu welchem Zeitpunkt zu erledigen hätten, aber die Praxis hat Sie anderes gelehrt. Denn erst Kontrollen Ihrerseits haben gezeigt, dass bestimmte Prozesse und Arbeitsschritte eingehender Erklärung bedurft hätten. Die Ursachen für fehlerhafte, unerledigte, nur teilweise erledigte oder unzureichend durchgeführte Arbeitsschritte können vielfältig sein und kosten vor allem Geld. Den Einsatz, den Sie oder die Kollegen erbringen müssen, um ein „vermurkstes" Ergebnis als solches zu erkennen und dann zu korrigieren, kostet Zeit und Arbeitskraft, die Sie anderweitig einsparen müssen. Das in Schieflage geratene Ergebnis steht immer im Zusammenhang mit

‣ der Klarheit hinsichtlich der Anforderungen der Position –
  daraus ergibt sich die Notwendigkeit einer präzisen Stellenbeschreibung.

➡ der Klarheit konkreter Aufgabenstellungen in Gegenwart und Zukunft – *dies bedingt klare Aussagen und Zielvereinbarungen im Hinblick auf die Inhalte* (siehe auch Kapitel I/4: „Umgang mit der eigenen Führungsrolle").

➡ der Kontrolle Ihrerseits – *diese kann jedoch, abhängig von der Persönlichkeit des Mitarbeiters, unterschiedlich ausfallen* (siehe auch Kapitel II/31: „Fürsorge und Kontrolle").

Die Ausfertigung von Stellenbeschreibungen, Zielvereinbarungsgespräche und der immer wiederkehrende Akt der Kontrolle stellen auch eine Herausforderung an die Persönlichkeit des Unternehmers beziehungsweise des Entscheidungsträgers dar. Fehlende Stellenbeschreibungen oder diffuse Aussagen über die Ausrichtung der Aufgaben auf die Unternehmensziele lassen stets die Möglichkeit offen, alles und jedes jederzeit revidieren zu können. Vielfach findet man in Unternehmerkreisen auch die Meinung (wie bereits an anderer Stelle erwähnt), dass Mitarbeiter für das Entgelt, das sie jeden Monat ausbezahlt bekommen, schon wissen müssten, was sie zu tun haben. Das erweist sich jedoch schnell als Irrglaube und lässt nur auf mangelnde Führungsqualität schließen.

Selbstsichere und selbstbewusste Entscheidungsträger dagegen haben keine Probleme mit der Formulierung ihrer Erwartungen und begreifen den Akt der Kontrolle als Inhalt ihrer Führungsaufgabe.

Meine Empfehlung

Die inhaltlich unmissverständliche Kommunikation der Aufgabenstellung an die Mitarbeiter steht in engem Zusammenhang mit Klarheit und Kontrolle Ihrerseits. Sie zeigen damit eine selbstsichere, angstfreie Persönlichkeit. Je klarer Sie sich als Unternehmer äußern, desto eher werden Sie das bekommen, was Sie von Ihren Mitarbeitern erwarten!

1. Psychologischer Background

So sehr manche Menschen auch Lust dabei empfinden, über Mitmenschen Macht auszuüben, so sehr scheuen sie sich gleichzeitig davor, ihnen konkrete Anweisungen über das gewünschte Tun zu geben. Vermutlich ist es nicht nur die Angst vor Falschaussagen, für die man bei zu viel Klarheit zur Rechenschaft gezogen werden könnte. Wir Menschen geben uns ganz gern auch der Bequemlichkeit hin. Mitarbeiter anzuleiten, sie auf Unternehmensziele einzustellen, von ihnen heute dies und morgen etwas anderes zu fordern, bedeutet Arbeit. Viel lieber wäre es uns, wenn der andere, ohne dass wir es formulieren müssten, jederzeit wüsste, was wir wollen, und es auch so umsetzen würde, wie wir es uns vorgestellt haben. Doch die Kunst des Gedankenlesens ist nur einem auserwählten Kreis von Menschen vorbehalten, und so müssen wir uns, wenn wir ein bestimmtes Ziel erreichen wollen, anstrengen und äußern!

2. Anleitung für die Praxis

Vor allem Stellenbeschreibungen und Zielvereinbarungen sollten, da sie zur besseren Klarheit betrieblicher Anforderungen dienen, klar und prägnant formuliert sein. Ich biete Ihnen hier ein paar Eckpunkte, die Sie als Checkliste benutzen können:

Beispiel Stellenbeschreibung:

▸ Definieren Sie möglichst präzise die Aufgaben des Stelleninhabers, und zwar so, dass der künftige Stelleninhaber aufgrund seiner Qualifikation weiß, was gemeint ist. (Sprechen Sie die gleiche Sprache, sonst kommt dies zu Missverständnissen.)

▸ Formulieren Sie Stellenbeschreibungen so kurz wie möglich (Romane bringen nicht mehr Klarheit).

▸ Vermeiden Sie „Allerweltsaussagen", hinter denen Sie sich als Arbeitgeber verstecken könnten.

▸ Betten Sie die konkreten Anforderungen in einen Rahmen ein, der auch kurze inhaltliche Aussagen über das Unternehmen trifft. Damit stellen Sie einen Bezug zwischen der Stelle und dem Unternehmen her.

▸ Verweisen Sie auf das Firmenleitbild oder eine besondere Firmenphilosophie. (Wofür steht Ihr Unternehmen und wofür soll auch Ihr Mitarbeiter stehen?)

▸ Überreichen Sie die schriftliche Ausfertigung dem Arbeitnehmer zu Beginn des Arbeitsverhältnisses (und nicht erst nach Monaten).

▸ Verlangen Sie eine Unterschrift für die Kenntnisnahme der Stellenbeschreibung.

▸ Vergessen Sie nicht: Sollte sich die Aufgabenstellung verändern, ist die Stellenbeschreibung der Veränderung anzupassen. Hier verhält es sich oftmals wie mit Konzeptionen: Zum Zeitpunkt der Niederschrift sind sie manches Mal schon wieder überholt.

Beispiel Zielvereinbarung:

Grundsätzlich können Sie auch hier einige Punkte aus der Stellenbeschreibung übernehmen. Zusätzlich sollten Sie eine genaue Differenzierung in folgenden Bereichen vornehmen:

▸ Unterscheiden Sie zwischen kurz-, mittel- und langfristigen Zielen und zwischen Teil- und Gesamtzielen!

» Legen Sie auch einen Zeithorizont für die Erreichung der einzelnen Ziele fest.

» Formulieren Sie Zielvereinbarungen sowohl für die Erfüllung von fachlichen Dingen als auch für die persönliche Entwicklung des Mitarbeiters.

» Verabreden Sie Zielvereinbarungsgespräche in bestimmten Zeitabständen oder zur Durchführung bestimmter Projekte.

» Zielvereinbarungen können Sie mündlich und auch schriftlich treffen. Eine schriftliche Festlegung hat jedoch einen verbindlicheren Charakter und kann jederzeit leicht nachgeprüft werden.

3. Wichtig!

Je präziser Sie formulieren, was Sie wollen beziehungsweise was die betrieblichen Gegebenheiten verlangen, desto besser werden Ihre Erwartungen erfüllt werden!

31 Fürsorge und Kontrolle – Gestalten Sie Mitarbeitergespräche, Meetings und tägliche Gespräche aktiv

Stellen Sie sich folgende Situation vor: Sie wissen, dass Ihr neuer Mitarbeiter fachlich kompetent ist, gute Umgangsformen besitzt und sich sehr kundenorientiert verhält. In letzter Zeit tritt er seinen Dienst jedoch grundsätzlich unpünktlich an und macht mehr Pausen, als ihm eigentlich zustehen. Bisher haben Sie dieses Verhalten nur registriert in der Hoffnung, dass dieser Mitarbeiter von selbst zur Einsicht gelangt, dass dies kein adäquates Arbeitsverhalten darstellt. Mittlerweile ist die Probezeit fast zu Ende und Sie müssen eine Entscheidung treffen, ob Sie diesen Mitarbeiter übernehmen werden. Seine Verhaltensweisen haben Sie ihm gegenüber bisher nicht angesprochen, wodurch es auch zu keiner Korrektur gekommen ist.

Durch Ihre Duldung des unangebrachten und schädigenden Verhaltens, die ihren Ursprung vermutlich in Ihrer Aggressionshemmung und Harmoniebedürftigkeit hat, haben Sie sich in eine „Entscheidungssackgasse" gebracht. Dadurch, dass die Rückmeldung Ihrerseits nicht erfolgte, haben Sie dem Mitarbeiter die Chance genommen, eine Änderung seines Verhaltens herbeizuführen. Sie selbst haben sich möglicherweise um einen entwicklungsfähigen Mitarbeiter gebracht, weil Sie zum gegebenen Zeitpunkt gar nicht wissen können, ob er eventuell nicht doch in der Lage und willens wäre, Unpünktlichkeit und übermäßige Pausen einzuschränken. Mit allen anderen Verhaltensweisen waren Sie ja hochzufrieden.

Worin lag Ihr Versäumnis? Mitarbeiter brauchen regelmäßiges Feedback (in besonderem Maße während der Probezeit), was die Erledigung von Aufgabenstellungen, ihre Fachkompetenz, bestimmte auffällige Persönlichkeitsmerkmale (die den Berufsalltag störend beeinflussen) und Entwicklungsmöglichkeiten im Unternehmen betrifft. Dies kann in Form von Mitarbeitergesprächen, Meetings und im Rahmen des täglich stattfindenden Kontakts erfolgen. Sie kommen damit einerseits Ihrer Kontrollfunktion als Arbeitgeber nach und zeigen andererseits auch Fürsorge Ihren Mitarbeitern gegenüber. Beide Faktoren stellen die Grundpfeiler einer guten Personalführung dar. Hierbei sollten Sie aber der Tatsache Rechnung tragen, dass bestimmte Mitarbeiter mehr der Kontrolle (aber auch der Fürsorge) bedürfen, andere wiederum unter strenger Kontrolle schlechtere Arbeitsergebnisse zeigen und sich überwacht fühlen!

Meine Empfehlung

Leistungen von Mitarbeitern müssen – abhängig von der jeweiligen Persönlichkeitsstruktur – entweder kontinuierlich oder punktuell kontrolliert werden, um eine gleichbleibende Arbeits- und Produktqualität zu garantieren. Gleichzeitig haben Arbeitgeber eine Fürsorgepflicht gegenüber ihren Mitarbeitern. Dies betrifft vor allem die Unterstützung bei Problemen und die Förderung der Entwicklung von Mitarbeitern in persönlicher und fachlicher Hinsicht.

1. Psychologischer Background

Menschen erleben die Kontrolle des Arbeitgebers unterschiedlich. Allen ist jedoch gemeinsam, dass diese ein unangenehmes Gefühl hervorruft, denn man könnte ja Fehler gemacht haben, den Ansprüchen und Erwartungen nicht genügen, zu langsam oder zu wenig perfekt gearbeitet haben etc. Die Tatsache der Kontrolle wird als weniger unangenehm empfunden, wenn diese seitens des Arbeitgebers mit dem Ziel der Entwicklung von persönlicher und fachlicher Kompetenz verbunden ist. Die Kontrolle ist dann nicht ausgerichtet auf das Aufzeigen von Fehlern, sondern wird auf eine andere Ebene gehoben, die es dem Mitarbeiter und damit auch dem Unternehmen ermöglicht, neue Entwicklungsschritte zu machen.

2. Anleitung für die Praxis

Ihre Kontrollfunktion als Arbeitgeber können Sie entweder durch angekündigte Stichproben oder durch einen alltäglichen Blick auf Produkte, Prozesse und Leistungen wahrnehmen. Letzteres bedeutet für Mitarbeiter weniger Stress, birgt aber den Nachteil, dass Sie vieles übersehen, weil Sie es im hektischen Alltag nicht mehr wahrnehmen. Empfehlen würde ich Ihnen beide

Strategien, damit Sie ein komplettes Bild über die Güte der geleisteten Arbeit bekommen. Achten Sie jedoch bei Kontrollen auf Folgendes:

» Bei Stichproben:

▸ Setzen Sie Ihre Mitarbeiter darüber in Kenntnis, dass Stichproben stattfinden werden.

▸ Geben Sie anschließend Feedback.

▸ Arbeiten Sie bei Beanstandungen gemeinsam mit dem Mitarbeiter an einer Verbesserung des angemahnten Zustandes.

▸ Begehen Sie nicht den Fehler, ihn mit der Fehlerkorrektur allein zu lassen, wenn er möglicherweise nicht weiß, wie er ihn korrigieren könnte. Überprüfen Sie das.

▸ Leisten Sie die nötige Unterstützung auch, falls der Mitarbeiter diese braucht, oder überlegen Sie, wer (außer Ihnen) ihm diese sonst geben könnte.

» Im Alltag:

▸ Geben Sie entweder in der konkreten Situation oder relativ zeitnah zur beobachteten Situation ein Feedback.

▸ Üben Sie niemals vor Kunden oder Kollegen Kritik.

▸ Bleiben Sie wertschätzend dem Mitarbeiter gegenüber und richten Sie den Fokus Ihrer Aufmerksamkeit auf die zukünftige Entwicklung des Mitarbeiters und damit des Unternehmens.

3. Wichtig!

Kontroll- und Fürsorgefunktion stellen jeweils eine Seite der Medaille dar: Die Kontrolle dient der Einhaltung von Standards, die Fürsorge dient der Psychohygiene und damit einer gesteigerten Leistungsfähigkeit von Mitarbeitern. Durch die Wahrnehmung beider Funktionen gewährleisten Sie als Unternehmer eine kontinuierliche Güte der geleisteten Arbeit und erhöhen damit die Erfolgswahrscheinlichkeit.

32 Mitarbeiterbindung – Emotionen ermöglichen Bindungsprozesse

Ein Teil Ihres Berufsalltags ist ausgefüllt mit der Suche nach gutem Personal oder aber mit der „Verabschiedung" von unqualifizierten Mitarbeitern mithilfe arbeitsrechtlicher Instrumentarien. Besonders bei Unternehmenskrisen kommt es im Bereich der Personalführung zu einem Paradoxon: Gut qualifizierte Mitarbeiter, die das Unternehmen in solchen Phasen dringend braucht, wandern mit hohen Abfindungen (oder auch ohne) zur Konkurrenz. Zurück bleibt eine Mitarbeiterschaft, in deren Kreis Leistungsträger fehlen, die das Unternehmen braucht, um sich neu auszurichten. Es entsteht ein Mangel an Personen mit Fachkompetenz, Zuverlässigkeit, Tatkraft und Willen zum Erfolg sowie Mut, gegen Widerstände Neues zu wagen.

Gefragt ist in diesem Fall die emotionale Bindungsfähigkeit
des Unternehmens: die Bindung von gut ausgebildeten,
kompetenten Mitarbeitern an das Unternehmen,
die dringend gebraucht werden,
um Kundenbindung herzustellen.

Bindungsprozesse werden immer auch von Emotionen bestimmt, die wir in der Regel nicht bewusst wahrnehmen. Hohe Gehälter, Dienstwagen und Karrieresprünge innerhalb kürzester Zeit stellen zwar Anreize dar, sich über einen längeren Zeitraum an ein Unternehmen zu binden, sind aber in der Realität keine geeigneten Instrumentarien für echte Bindungsprozesse. Echte Bindung läuft über Emotionen ab und nicht über monetäre Anreize, die zwar kurzfristig Befriedigung verschaffen, jedoch beim Erklimmen der nächsten Gehaltsstufe beziehungsweise eines höheren Dienstgrades die Gier nach der übernächsten Stufe erwecken. Die wahren Bedürfnisse bleiben stets unbefriedigt und die Arbeitsmotivation wird bestimmt vom Antrieb nach der „Karotte vor der Nase", das heißt vom Sieg in Form eines mächtigen Gehaltszettels oder eines schicken Dienstwagens.

Unternehmen, die sehr stark auf die Prinzipien der Belohnung (Karrieresprung) und Bestrafung (Abstellgleis: Duldung im Unternehmen ohne die Möglichkeit eines Aufstiegs) ausgerichtet sind, binden ihre Mitarbeiter über die Angst, die sie damit produzieren, erzielen aber kaum dauerhafte Unternehmenserfolge, da sie nicht wirklich an den Menschen interessiert sind. Sie halten ihr Personal bis zur nächsten Unternehmenskrise bei der Stange, bekommen aber im Gegenzug von ihren Leuten nicht den Einsatz, wie ihn Angestellte bringen, die ihre Arbeit mit tiefer innerer Befriedigung und aus Überzeugung leisten. Diese Mitarbeiter interessieren sich für die Sache selbst und nicht nur für das Geld.

Emotionale Bindung stellen Unternehmen mit Mitarbeitern her, die am Arbeitsplatz ihre Bedürfnisse nach Anerkennung, Respekt und Selbstverwirklichung befriedigen können und Freude und Spaß bei der Verrichtung ihrer Tätigkeiten empfinden. Unternehmen, die dies bieten können, weisen eine hohe Bindungsfähigkeit auf und zeichnen sich durch eine hohe Qualität in der Personalführung, Personalentwicklung und in ihren Produkten aus!

Meine Empfehlung

Emotionale Bindungsfähigkeit des Unternehmens bedeutet in ihrer Konsequenz, dass Sie als Arbeitgeber Emotionen Ihrer Mitarbeiter bewusst wahrnehmen, gegebenenfalls ansprechen und Ihre Unternehmenskultur darauf ausrichten!

1. Psychologischer Background

Wir Menschen neigen dazu zu denken, dass „Gold" in Form eines hohen Gehalts oder in Form von Statussymbolen unseren erlittenen Mangel an Wertschätzung und Liebe ausgleicht. Dies ist ein Irrglaube, denn wäre diese Theorie richtig, würde das Erklimmen einer bestimmten Hierarchieebene ausreichen, um unseren leeren emotionalen Topf zu füllen. Das funktioniert aber nicht. Der Topf ist nur kurzfristig voll, leert sich schnell und verlangt danach, innerhalb kürzester Zeit wieder aufgefüllt zu werden. Dies ergibt einen ewigen Kreislauf zwischen der Empfindung eines Mangels, der stetigen Suche nach der Füllung und der wiederholten Empfindung des Mangels. Das Füllmaterial scheint nicht das richtige zu sein. Um das einst erfahrene Defizit zu beseitigen, bedarf es des Ausgleichs dessen, was wir in unserer Kindheit nicht bekommen haben: Wertschätzung und Liebe.

2. Anleitung für die Praxis

Nachfolgend finden Sie einige Vorschläge, wie Sie die emotionale Ebene Ihrer Mitarbeiter ansprechen können und so deren Zufriedenheit steigern. Natürlich sollen Sie dabei nicht zum „Seelenklempner" Ihrer Mitarbeiter werden. Bedenken Sie, dass Sie in einem wirtschaftlichen Kontext als Arbeitgeber zu Ihren Mitarbeitern sprechen. Daher müssen Ihr Status und Ihre Rolle auch gewahrt bleiben:

➡ Registrieren Sie emotionale Stimmungen, die Ihre Mitarbeiter im beruflichen Umfeld an den Tag legen (zum Beispiel Ärger, Wut, Trauer, Frustration, Leiden aufgrund von Erkrankungen etc.).

➡ Klären Sie für sich, ob und nach welchen Kriterien Sie Ihre Mitarbeiter darauf ansprechen. (Ein Kriterium kann sein, dass durch die schlechte Stimmung der Arbeitsablauf/das Arbeitsklima übermäßig gestört ist.)

➡ Fragen Sie zum Beispiel: „Ich merke, dass Sie verärgert sind! Stimmt das? Was ist passiert?"

➡ Hören Sie zu.

➡ Stellen Sie sich selbst die Frage: Was kann ich als Arbeitgeber ihm/ihr in der jeweiligen Situation geben? Was kann ich anbieten (zum Beispiel Anerkennung, Respekt, fachliche Unterstützung, andere Aufgabenstellung, Entwicklungsmöglichkeiten …)?

» Fragen Sie den Mitarbeiter, was er in dieser Situation an Hilfe/Unterstützung/Zuspruch braucht.

» Oftmals gibt es keine Form der realen Unterstützung bei bestimmten Gefühlslagen (auch weil die Ursache nicht im Unternehmen zu suchen ist).

» Allein die Tatsache, dass Sie als Arbeitgeber Gefühle wahrgenommen und angesprochen haben, wird schon zur Verbesserung beitragen.

3. Wichtig!

Durch das Ansprechen von Emotionen signalisieren Sie Ihren Mitarbeitern, dass Sie sie als Menschen wahrnehmen und erkennen. Das macht Sie als Arbeitgeber für Mitarbeiter interessant und bindet sie dadurch.

33 Mitarbeitermotivation – Beteiligen Sie Ihre Mitarbeiter am Unternehmensgewinn!

Dass motivierte Mitarbeiter den Unternehmenserfolg in positiver Weise beeinflussen können, wurde aufgezeigt. Wie man jedoch diesen wünschenswerten Zustand erreichen kann, ist eine viel diskutierte Frage. Faktoren wie Betriebsklima, Anerkennung in Form von Respekt, monetäre Anreize, Interesse am eigentlichen Aufgabengebiet und ein hohes Maß an Selbstbestimmung bei der täglichen Ausführung spielen eine tragende Rolle bei diesem Thema. Ein viel zu wenig beachteter Faktor ist jedoch die Beteiligung am Unternehmensgewinn und ihre Auswirkungen auf die Mitarbeitermotivation.

Es scheint momentan nicht besonders „in" zu sein, die Gesamtheit der Mitarbeiter in Form von Prämien oder Aktienanteilen am Gewinn zu beteiligen. Im Gegensatz dazu erfreut sich derzeit der Begriff des „Shareholder Value" besonderer Beliebtheit. Klein- und Mittelbetriebe liegen jedoch bei dieser Thematik eher außerhalb der Überlegungen. Großbetriebe beteiligen nur Mitarbeiter, die sich durch besondere Leistungen ausgezeichnet haben. Die Ursache dafür liegt möglicherweise in der Unternehmensphilosophie, die Folgendes besagt:

» Nur bestimmte Mitarbeiter tragen zum Unternehmenserfolg bei (zum Beispiel Leistungs- beziehungsweise Entscheidungsträger ab einem bestimmten Dienstgrad): *Aus der Sicht des Unternehmens gibt es wertvolle und wertvollere Mitarbeiter!*

➤➤ Mitarbeiter bekommen ihre Leistung durch ein bestimmtes Entgelt abgegolten: *Die Notwendigkeit für finanzielle Sonderleistungen wird daher gar nicht gesehen!*

➤➤ Dem Shareholder wird ein höherer Stellenwert beigemessen als dem einzelnen Mitarbeiter: *Dies ist das Ergebnis einer gesellschaftlichen Entwicklung in einer zunehmend globalisierten Welt!*

➤➤ Es wird kein Zusammenhang hergestellt zwischen Gewinnbeteiligung, Mitarbeitermotivation und Auswirkung auf den Unternehmenserfolg: *Gewinne zu verteilen erfordert als Voraussetzung reife Persönlichkeiten auf der leitenden Ebene!*

Beispiele aus der Praxis haben gezeigt, dass das Modell der Mitarbeiterbeteiligung zwar keine Garantie für einen Erfolg darstellt, dass es nach Einschätzung der jeweiligen Entscheidungsträger jedoch einen bedeutenden Einfluss auf den Erfolg hat. Psychologisch lässt sich dies aus der Sicht des Mitarbeiters einfach erklären: Wenn ich sehe, dass meine Leistungen von meinem Arbeitgeber durch monetäre Anreize oder Firmenanteile belohnt werden, ist dies ein Faktor, der „beflügelt".

Denn als Mitarbeiter genieße ich die Sicherheit des Angestelltenverhältnisses und auf der Leistungsebene den Status eines selbstständig Tätigen. Je besser ich (wir) arbeite(n), desto höher wird mein (unser) Einkommen ausfallen. Ein wünschenswerter Zustand, den es unter allen Umständen aufrechtzuerhalten gilt.

Meine Empfehlung

Der Antrieb von Mitarbeitern, in der Konstellation „Angestelltenverhältnis" und „Status eines Selbstständigen" arbeiten zu können, ist als sehr hoch einzuschätzen. Dies fördert Motivation, Engagement, Leistungswillen und -bereitschaft. Überlegen Sie, was das für Ihr Unternehmen bedeuten kann!

1. Psychologischer Background

Selbst wenn monetäre Anreize allein (wie bereits beschrieben) nicht unbedingt einen Ansporn für eine gesteigerte Leistung der Mitarbeiter darstellen, so ist es doch für viele unter uns das Elixier, das uns antreibt. Wenn wir um eine Beteiligung am Unternehmensgewinn wissen und sich durch unsere Leistung der Anteil am Gewinn erhöht, so treibt uns das oftmals zu Höchstleistungen an. Wir sind bereit, für etwas, das uns gehört, mehr zu tun als für etwas, das uns nie gehören wird. Eigener Besitz wie zum Beispiel der Erwerb eines Eigenheimes erhält in der Bedürfnispyramide einen hohen Stellenwert, und das obwohl die Nachteile manches Mal die Vorteile überwiegen. Eigentum gibt uns (scheinbare) Sicherheit und macht uns (scheinbar) von anderen unabhängig – zumindest so lange, bis wir zum Sklaven des eigenen Besitzes werden!

2. Anleitung für die Praxis

Als klein- und mittelständischer Betrieb haben Sie meist nicht die Möglichkeit, Ihre Mitarbeiter in Form einer Gewinnbeteiligung, zum Beispiel durch den Erwerb von Aktienanteilen, zu motivieren. Hier sollten Sie überlegen, welche Alternativen Ihnen entsprechend Ihrem Umsatz zur Verfügung stehen könnten. Bedenken Sie, dass nicht nur die Höhe der Beteiligung, sondern allein die Tatsache einer Beteiligung, Sondervergütung oder einer anderen Form der Vergünstigung eine hohe Wirkung erzielt. Varianten in einem kleineren Rahmen wären – bezogen auf alle Mitarbeiter entsprechend tarifrechtlichen beziehungsweise gesetzlichen Möglichkeiten – etwa:

- jährliche Ausschüttung von Prämien für alle Mitarbeiter entsprechend dem Gewinn
- Erhöhung des Weihnachtsgeldes in Abhängigkeit vom jährlichen Ertrag
- die Ausschüttung eines Bonus nach Abschluss besonders gewinnbringender Geschäfte
- Kostenübernahme für die tägliche Einnahme von Mahlzeiten und Getränken
- Gratiskindergartenplätze im eigenen Betriebskindergarten
- Gruppenrabatte für „Gesundheitseinrichtungen", zum Beispiel Fitnessstudios, Hallenbäder
- das kostengünstige Verleihen von Dienstwagen an Wochenenden und Feiertagen

3. Wichtig!

Leitende Mitarbeiter sind in der Regel in der einen oder anderen Form auch in Klein- und Mittelbetrieben begünstigt. Eine Einbeziehung aller Mitarbeiter kostet zwar im ersten Moment mehr, als Sie glauben finanziell verkraften zu können, bringt Ihnen jedoch langfristig aufgrund des Motivationsfaktors ein hohes Potenzial an Tatkraft und Engagement, das Sie für den Unternehmenserfolg auf jeden Fall gebrauchen können.

34 Identifikation mit dem Unternehmen – Wie wirkt diese und wie bewirken Sie sie?

Ihre Mitarbeiter bleiben, ohne Überstunden bezahlt zu bekommen, länger in der Firma. Sie nehmen gern an Betriebsfeiern teil, kommen auch in den Dienst, wenn sie augenscheinlich krank sind. Und Ihre Mitarbeiter verlassen nur das Unternehmen, wenn sie in den Ruhestand oder in Erziehungsurlaub gehen. Es herrscht ein lockerer, netter Umgang unter den Kollegen und Ihnen gegenüber und Ihre Mitarbeiter treffen ungefragt die Aussage:

» *Wir arbeiten gern hier ...*
» *Als Chef sind Sie ja auch ganz in Ordnung ...*
» *Ich bin zwar in Urlaub, aber wenn Sie was brauchen, bin ich für Sie zu erreichen ...*

Anhand der beschriebenen Verhaltensweisen und der getroffenen Aussagen ist deutlich zu erkennen, dass Ihre Mitarbeiter einen hohen Grad an Identifikation mit Ihrem Unternehmen und der von ihnen geleisteten Tätigkeit aufweisen. Sie arbeiten somit mit Menschen, die mit ihrer beruflichen Situation zufrieden sind und diese Zufriedenheit auch auf Ihre Kunden übertragen werden.

> *Es ist nicht der Mangel an anderen Arbeitsalternativen,*
> *die Ihre Mitarbeiter zu den oben genannten Verhaltensweisen*
> *und Aussagen veranlasst, Ihre Mitarbeiter tun das,*
> *was sie tun und für wen sie es tun, gern!*

Identifikation eines Mitarbeiters mit dem Unternehmen und seiner jeweiligen Tätigkeit zu erreichen, ist eine hohe Kunst; und vielfach schlagen sogenannte „Corporate-Identity-Strategien"[25] dabei fehl. Entweder zeigen sie wenig Wirkung oder diese ist nur von kurzer Dauer. Vielfach handelt es sich hierbei um Strategien, deren wahres Ziel weder in der Mitarbeiterzufriedenheit noch in der Kundenzufriedenheit besteht. Sie werden hochgespielt und dienen lediglich als Rechtfertigung. Verfolgen sie einmal wirklich hehre Ziele, werden diese von den Mitarbeitern nicht angenommen, weil sie nicht das darstellen, was Menschen brauchen, um eine Identifikation zu entwickeln. Irgendwann vergisst man diese Programme dann, weil der Arbeitsalltag so scheinbar Nebensächliches überrollt.

Ein geringer Identifikationsgrad stellt jedoch aus ökonomischer Sicht einen Kostenfaktor dar, der vielfach unterschätzt wird. Wie bereits erwähnt, bedeuten der Rückgang von Krankenständen, unentgeltliche Arbeitsleistungen und eine geringe Fluktuation reale Kosteneinsparungen. Als Unternehmer können Sie nur gewinnen, wenn Sie erkennen, dass Mitarbeiter das Erbringen von Leistungen oder auch Unterlassen bestimmter Verhaltensweisen für sich selbst und vor allem für Sie tun. Für Sie, weil Sie es geschafft haben, ein Wir-Gefühl herzustellen *(„Wir haben Erfolg, weil Sie, Herr X, Ihren Teil dazu beigetragen haben")*, sodass eine kooperative, sich ergänzende Arbeitshaltung entstanden ist *(„Wir ziehen alle an einem Strang")*. Grundvoraussetzung ist hierfür immer, dass Sie Ihre Mitarbeiter mögen, dass Sie Menschen generell mögen und diese humanistisch geprägte Haltung auch leben.

Meine Empfehlung

Identifikationsprozesse besitzen immer auch eine emotionale Dimension. Sie identifizieren sich mit einer Tätigkeit, einem Menschen oder einer Organisation, weil Sie dabei ein angenehmes Gefühl, Wohlbefinden und vielleicht sogar so etwas wie Liebe empfinden. Stellen Sie diese Tatsache etwas mehr in den Blickwinkel Ihres unternehmerischen Alltags.

---

1. Psychologischer Background

Der Grad des Wohlbefindens Ihrer Mitarbeiter an ihrem Arbeitsplatz steht in direktem Zusammenhang mit Identifikationsprozessen in Bezug auf Ihr Unternehmen. Wenn Sie es als Arbeitgeber schaffen, förderliche Rahmenbedingungen herzustellen, zum Beispiel ein gutes Betriebsklima, Positionen mit den dafür geeigneten Mitarbeitern zu besetzen und einen wertschätzenden und respektvollen Umgang zu pflegen, haben Sie eine hohe Chance, motivierte und engagierte Mitarbeiter zu beschäftigen. Und damit ein respektables Ergebnis von Identifikation mit Ihrer Organisation! Menschen brauchen auch im beruflichen Umfeld so etwas wie „Nestwärme", selbst wenn die restliche Welt vorgibt, es ginge in diesem Kontext nicht um Gefühle, sondern nur um Gewinn oder Verlust. Die reale Erfahrung von Sicherheit und Geborgenheit – auch am Arbeitsplatz – lässt Mitarbeiter über sich selbst hinauswachsen und Höchstleistungen erbringen.

2. Anleitung für die Praxis

Ich gebe Ihnen hier einige Methoden an die Hand, wie Sie Rahmenbedingungen oder Strukturen im Unternehmen so gestalten können, dass Sie dabei das Wohlgefühl Ihrer Mitarbeiter steigern:

→ Sorgen Sie für eine gute Arbeitsumgebung mit ausreichend Licht, guten Bürostühlen, Belüftungsmöglichkeiten und so weiter (siehe auch Kapitel II/44: „Gesundheitsmanagement").
→ Zeigen und sagen Sie Ihren Mitarbeitern, dass Sie gern mit ihnen arbeiten.
→ Suchen Sie nach bestimmten Mitarbeitern für bestimmte Positionen. Nicht jeder Mitarbeiter ist, trotz möglicherweise gleicher Qualifikation, für jede

Stelle gleichermaßen geeignet (siehe auch Kapitel II/28: „Optimaler Einsatz von Mitarbeitern").

▸ Nehmen Sie wichtige Anlässe als Grund zum gemeinsamen Feiern. Dies bedeutet Lebensqualität im Büro und steigert das Wir-Gefühl!

▸ Setzen Sie Ihre Aufmerksamkeit mehr auf Stärken von Mitarbeitern als auf ihre Schwächen und loben Sie sie. Nur Kritik zu üben wird Sie und das Unternehmen nicht weiterbringen, weil Ihre Mitarbeiter irgendwann in den passiven Widerstand gehen.

▸ Schaffen Sie für Ihre Mitarbeiter Freiräume zum selbstbestimmten Handeln. Jeder Arbeitsplatz kann von jedem Mitarbeiter noch mit eigenen Ideen gefüllt werden.

▸ Zeigen Sie Ihren Mitarbeitern, dass Sie auch hinter ihnen stehen, wenn sie Fehler begangen haben (Ausnahme: Wenn es sich um mutwillige Fehler handelt, die im Unternehmen großen persönlichen und finanziellen Schaden verursacht haben, was de facto relativ selten passiert).

▸ Vermitteln Sie Ihren Mitarbeitern bei der Erfüllung vor allem schwieriger Aufgabenstellungen, dass es sich um eine gemeinsame Sache handelt. Nicht ein Mitarbeiter hat ein Problem, das gelöst werden muss, das Unternehmen hat ein Problem, das möglicherweise von mehreren Personen gelöst werden kann!

3. Wichtig!

Das Wohlbefinden Ihrer Mitarbeiter zu steigern soll nicht nur dazu dienen, diesen Gutes zu tun. Letztendlich sollen Sie damit Ihrem Unternehmen und sich selbst etwas Gutes tun!

35 Die Fähigkeit zur Zusammenarbeit – Bilden Sie ein Team

Unternehmen stellen je nach Größe und Art der Produktion oder Dienstleistung komplexe Systeme dar, die ein komplexes Denken erfordern, um Arbeitsprozesse zu verdeutlichen und erklärbar zu machen. Systemische Sichtweisen stellen den Aspekt des Miteinander-vernetzt-Seins in den Vordergrund: Die Arbeitsweisen, Haltungen, Erkenntnisse und das Wissen der Abteilung X haben Einfluss auf die Abteilungen Y und Z. Beispiel: Eine um Monate verspätete Rückmeldung der Abteilung Y an X bezüglich eines schadhaften Bestandteils bei Produkt A und die dadurch nötige Rückrufaktion kann das Unternehmen eine Menge Geld kosten.

Um effizientes Arbeiten zu ermöglichen, das auch Energie, Zeit und Geld spart, ist es daher unabdingbar, Abteilungsdenken und mangelnde interne Unternehmenskommunikation aufzuheben. Als Unternehmer – selbst auch Teil eines Teams – sind Sie verantwortlich für die Zusammenarbeit zwischen den Abteilungen, zwischen den Mitarbeitern und zwischen der Belegschaft und Ihnen selbst als Entscheidungsträger. Dies setzt jedoch die Fähigkeit voraus, miteinander in Kommunikation zu treten, zuzuhören, sein Denken und Handeln auf ein Gegenüber abzustimmen, Kompromisse einzugehen, für den anderen mitzudenken und Rückmeldungen zu geben. Die Basis hierfür bilden Ihr eigener Umgang mit dem Thema Zusammenarbeit und Ihre Fähigkeit und Ihr Wille, einen Rahmen zu schaffen, der die Kooperation untereinander fördert. Im Sinne einer Selbstexploration können Sie sich folgende Fragen stellen, die gleichzeitig eine Anregung für das Schaffen von kooperativen Arbeitsweisen darstellen:

» *Denken Sie, dass gute Zusammenarbeit im Unternehmen Vorteile hat,* oder halten gute Kontakte Mitarbeiter von der eigentlichen Arbeit ab?

» *Glauben Sie, dass Sie selbst auch Teil des Teams und damit mitverantwortlich für reibungslos funktionierende Arbeitsabläufe sind,* oder tragen nur Ihre Mitarbeiter Verantwortung für einen kooperativen Arbeitsstil?

» *Sind Sie in der Lage und willens, mit Ihren Mitarbeitern regelmäßig fachlichen Austausch zu pflegen, ihnen Rückmeldung zu geben,* oder ist dies alles nicht notwendig, weil Mitarbeiter wissen sollten, was sie zu tun haben?

» *Denken Sie, dass Arbeitszeit auch für Kontaktpflege genutzt werden darf/kann,* oder halten Sie *Kontakte zwischen den Mitarbeitern nur dann für dienlich, wenn sie das Leistungsdenken fördern?*

Meine Empfehlung

Sollten Sie all dem mit Skepsis gegenüberstehen, weil Sie Arbeit eher mit Rationalität, Professionalität, Leistungsdenken und einer Fixierung auf Zahlen und Produkte begreifen und darunter keine Möglichkeit einer „Kuschelecke für Mitarbeiter" verstehen, dann denken Sie bitte daran: Gute und informelle Kontakte untereinander ersparen langwierige, hierarchische und bürokratische Informations- und Kommunikationswege, das heißt Einsparung von Zeit, Energie, Kraft und Geld! Trotzdem sollte es zusätzlich auch formale Kontakte geben.

1. Psychologischer Background

Menschen, die sich untereinander gut verstehen, gern miteinander arbeiten und einander auch zuarbeiten, brauchen keine strikten Regeln und Ordnungshüter im besonderen Ausmaß, welche die Kommunikationswege beschreiben, vorschreiben, überwachen und notfalls auch einschreiten. Arbeitsabläufe funktionieren nicht nur, weil der Arbeitgeber detailliert und rigide vorgibt, wer mit wem warum und wie zusammenarbeiten soll; sie funktionieren, weil die Notwendigkeit der Zusammenarbeit gesehen wird und es keine Hemmschwellen für ein Miteinander gibt. Einen maßgeblichen Einfluss auf das Miteinander hat der Arbeitgeber, der einerseits durch seine Vorbildwirkung, aber auch durch die Weigerung, Unterschiede anzuerkennen und diese sogar zu verbalisieren (zum Beispiel gute und schlechte Teams, besonders leistungsfähige beziehungsweise leistungsunwillige Mitarbeiter ...), einen reibungslosen Arbeitsalltag garantiert.

2. Anleitung für die Praxis

Hier einige Vorschläge zur Förderung eines kooperativen Arbeitsstils:

▸ Schaffen Sie einen fachlichen Rahmen (zum Beispiel einmal wöchentlich stattfindende Meetings, Besprechungen) für einen professionellen Austausch mit einer zeitlichen Begrenzung und einer inhaltlichen Vorgabe. Dies gilt als ein Mindestmaß einer notwendigen Kommunikationsplattform im beruflichen Umfeld.

▸ Achten Sie auf eine gute Balance zwischen fachlichem und privatem Austausch, indem Sie die Vorgaben machen. Ein Überhang auf jeweils einer Seite bringt für das Unternehmen wenig bis keinen Nutzen.

▸ Fördern Sie den Austausch unter den Mitarbeitern, indem Sie diesem offenkundig wohlwollend gegenüberstehen. Sie signalisieren dies dadurch, dass auch Sie selbst in einem begrenzten Rahmen privaten Austausch pflegen.

▸ Stellen Sie als Arbeitgeber Zeit und Raum durch Rückzugsmöglichkeiten, zum Beispiel einen schönen Pausenraum zur Kontaktpflege, zur Verfügung.

▸ Fragt Sie einer Ihrer Mitarbeiter um Hilfe bei einem bestimmten Problem, verweisen Sie ruhig auf einen Mitarbeiter, von dem Sie wissen, dass er helfen kann. Die Gruppe der Mitarbeiter soll voneinander lernen.

▸ Vergeben Sie die Erledigung größerer Aufgaben lieber an Teams als an Einzelpersonen. So fördern Sie die Zusammenarbeit.

▸ Behandeln Sie jeden Mitarbeiter und jedes Team gleich. Bevorzugen Sie niemanden und benachteiligen Sie niemanden. So vermeiden Sie eine Spaltung der Teams.

» Wenn Sie nicht ins Tagesgeschäft eingebunden sind, greifen Sie nur subsidiär ein. Ihre Mitarbeiter sollen lernen, sich selbst zu organisieren und sich aufeinander zu beziehen.

» Achten Sie bei Neueinstellungen darauf, dass der/die Bewerber/in in das vorhandene Team passt! Erfragen Sie die Sympathiewerte bei Ihren Mitarbeitern!

3. Wichtig!

Ein Team ist mehr als die Summe seiner Mitglieder: Faktoren wie Energie, Tatkraft, Ideen, Motivation und Engagement potenzieren sich in einer Teamstruktur, wenn die Mitglieder sich untereinander gut verstehen.

36 Ausgleich zwischen Geben und Nehmen – Geben Sie Ihren Mitarbeitern viel und Sie werden viel bekommen!

Gerade in Krisenzeiten versuchen Sie als Unternehmer, Ihre Mitarbeiter zu immer mehr Leistungen in kürzerer Zeit mit weniger Ressourcen zu bringen. Standen Ihnen noch vor Jahren zwei Sekretärinnen zur Verfügung, so erlaubt Ihr Budget jetzt nur noch eine Teilzeitkraft. Sie mussten das Weihnachtsgeld kürzen und der neue Tarifvertrag sieht eine 40-Stunden-Woche vor. All das veranlasst Sie dazu, Forderungen und Erwartungen an Ihre Mitarbeiter heranzutragen, die für Sie und auch für Ihre Mitarbeiter neu sind und einen Prozess der Anpassung erfordern. Aufgrund der veränderten wirtschaftlichen Rahmenbedingungen durch die Globalisierung, einer zunehmenden Bedeutung des Shareholder Value und einer starken gesellschaftlichen Ausrichtung auf Kapital und Vermögen als Lebensmaxime entwickelte sich im Laufe der Zeit eine Distanz zwischen dem Ziel der Gewinnmaximierung und den Menschen, die diese ermöglichen:

Es kam zu einer Fokussierung auf Zahlen und damit zur Abwendung von den Personen, die ein Produkt herstellen oder eine Dienstleistung erbringen.

Konkret bedeutet dies, dass auf Bedürfnisse der Mitarbeiter immer weniger Rücksicht genommen wird. Frauen, die nach dem Erziehungsurlaub Teilzeitarbeit suchen, werden plötzlich nicht mehr gebraucht, denn in der Küche und bei den Kindern nehmen sie niemandem einen Arbeitsplatz weg. Männer, die in Erziehungsurlaub gehen, erfahren einen „Karriereknick", denn „Weicheier" kann ja auch kein erfolgreicher Unternehmer gebrauchen. Mitarbeiter, die dem Unternehmen nicht mehr dienlich sind, weil sie zum Beispiel aufgrund ihres Alters zu teuer geworden sind, werden entweder galant mit einer hohen Abfindung vorzeitig in den Ruhestand geschickt oder in Auffanggesellschaften untergebracht, deren Ende schon von Beginn an absehbar ist. Unternehmen befürchten, schon bei Endvierzigern in den Ruf eines Altersruhesitzes für Mitarbeiter zu kommen.

Systeme und damit auch Personen in Unternehmen streben jedoch nach Ausgleich und Gerechtigkeit (= „Equitytheorie"[26]). Unzufriedene Mitarbeiter, denen im Laufe ihres Arbeitslebens Anerkennung und Respekt (der sich nicht nur in Geld ausdrückt) versagt bleiben und die das Gefühl haben, das Unternehmen fordere mehr, als sie bekommen, tauchen ab, bauen innere Widerstände auf und erbringen mit Sicherheit nicht die Leistung, die sie, wenn sie von ihnen als wertvoll erachtet würden, erbringen könnten. Diese Verhaltensweisen wirken sich auf jeden Fall auf die Kundenzufriedenheit und damit gleichzeitig auf den Unternehmensgewinn aus. Unzufriedene Mitarbeiter verbreiten schlechte Laune, verhalten sich unhöflich in Verkaufsgesprächen, machen Fehler bei der Produktion oder bei der Beratung, agieren wenig serviceorientiert und beschäftigen sich mit Rachegedanken. („Was könnte ich meinem Chef/dem Unternehmen antun?")

Meine Empfehlung

Versuchen Sie, die Bedürfnisse Ihrer Mitarbeiter zu erkennen und im Rahmen Ihrer Möglichkeiten zu erfüllen. Zufriedene Mitarbeiter sind loyale Mitarbeiter und werden Ihnen und dem Unternehmen dienen. Gleichzeitig sollten Sie jedoch nicht vergessen, Ihre Erwartungen an Ihre Mitarbeiter präzise zu formulieren. Ihr Ziel sollte ein Ausgleich zwischen Geben und Nehmen sein: Sie geben Ihren Mitarbeitern viel, dafür bekommen Sie viel!

1. Psychologischer Background

Die Wahrnehmung von Mitarbeiterbedürfnissen ist für viele Unternehmen ein rotes Tuch. Aus der Sicht des Betriebes birgt sie latent die Gefahr, dass die Eigeninteressen des Inhabers/Aktionärs und der Organisation an sich nach Existenzabsicherung des Unternehmens und einer Profitmaximierung gefährdet werden. Beziehungskonstrukte, in denen beide Partner auf unterschiedliche Art und Weise in ihren Bedürfnissen wahrgenommen und ernst genommen werden und sich daher im energetischen Gleichgewicht befinden, sind in diesem Kontext ein Fremdwort. Es scheint sich die irrige Meinung durchzusetzen, dass die Wahrnehmung der Interessen des einen nur auf Kosten des anderen funktioniert.

2. Anleitung für die Praxis

Möglichkeiten zum Ausgleich lassen sich immer finden und können sich in Kleinigkeiten bemerkbar machen. Hier einige Beispiele, die Sie kein Geld kosten, aber große Wirkung erzielen:

▸▸ Es muss nicht immer eine Gehaltserhöhung sein, die Menschen zufrieden macht.

Beobachten Sie Ihre Mitarbeiter, hören Sie Ihnen genau zu oder fragen Sie, was sie brauchen, damit es ihnen an ihrem Arbeitsplatz gut geht. Sie werden überrascht sein!

▸▸ Ein bestimmter Urlaubstag, eine andere gewünschte Sitzordnung im Büro oder Blumen anlässlich der Geburt eines Kindes können wahre Wunder bewirken.

▸▸ Begrüßen Sie Ihre Mitarbeiter morgens mit einem Lächeln und erkundigen Sie sich nach ihrer Befindlichkeit. Sie signalisieren damit nicht nur Interesse an ihrer Arbeitskraft, sondern auch an ihrer Person.

▸▸ Bedanken Sie sich bei Ihren Mitarbeitern für das Erbringen einer bestimmten Leistung. Formulieren Sie Anforderungen an Ihre Mitarbeiter mit dem Wörtchen „bitte". Dies klingt nicht nur nett, sondern Sie machen damit deutlich, dass Sie keinen automatischen Rechtsanspruch auf die Erledigung von Tätigkeiten haben. Ihre Mitarbeiter sind keine Leibeigenen und daher bitten Sie um etwas und bedanken sich für etwas.

3. Formulierungshilfe für die Praxis

Beispiel: Wie können Sie Ihrer Assistentin beibringen, dass Sie nach dem Ausscheiden der Kollegin keinen vollen Ersatz einstellen werden und deren Arbeit daher teilweise von ihr mit übernommen werden muss? Versuchen Sie etwa diese Formulierung:

▸▸ Frau X, Sie wissen, dass Ihre Kollegin in einigen Wochen in den Ruhestand geht. Wir müssen uns daher Gedanken darüber machen, wie es nun weitergehen soll!

▸▸ Sie kennen die wirtschaftliche Situation des Unternehmens sehr gut und ahnen vermutlich, dass ich mich entscheiden musste, die Stelle nicht mehr in vollem Umfang zu besetzen …!

▸▸ Die Fragen, die ich nun an Sie stelle, sind wichtig für die Zukunft:

▸ Sind Sie in der Lage, bestimmte genau definierte Arbeitsinhalte der Kollegin zu übernehmen?

▸ Was denken Sie, wie viel Zeit Sie brauchen werden, um Arbeitsinhalt A und B abzudecken?

» Was an Ihrer derzeitigen Arbeit könnten wir noch rationeller gestalten, vereinfachen, weglassen oder auch auslagern, damit Sie A und B bewältigen können?

» Haben Sie eine Idee, welche Unterstützung Sie von wem brauchen werden, um das Vereinbarte auch in der Praxis umsetzen zu können?

» Mir ist sehr genau bewusst, dass Sie nicht alles allein schaffen können. Was, denken Sie, könnte eine Aushilfe Ihnen abnehmen und wie viele Stunden sollte die Aushilfe in die Firma kommen? Natürlich müsste diese Aushilfe Ihnen direkt unterstellt sein.

» Ich weiß, dass das Mehrarbeit für Sie bedeutet. Ich habe jedoch beobachtet, dass Sie in schwierigen Zeiten über sich hinauswachsen und Tolles leisten. Ich hoffe daher auch weiterhin auf eine gute Zusammenarbeit und werde, sobald die Finanzsituation des Unternehmens es zulässt, in Bezug auf eine Gehaltserhöhung auf Sie zukommen. Spätestens beim halbjährlichen Mitarbeitergespräch werde ich das auf meine Agenda nehmen …

» Gibt es sonst etwas, das ich im Rahmen des Machbaren für Sie tun kann?

4. Wichtig!

Mitarbeiter brauchen nicht nur eine Existenzsicherung, die sie durch den Arbeitsplatz in Ihrem Unternehmen erhalten, sie brauchen vor allem auch Anerkennung und Respekt, unabhängig davon, ob sie als Reinigungsfrau oder Vorstandsvorsitzender agieren. Bekommen sie das in adäquater Form, bedanken sich Mitarbeiter bei Ihnen durch Loyalität, gute Arbeitsleistung, Motivation, wenig Fehlzeiten und dergleichen mehr, da sie ihre emotionalen Bedürfnisse von Ihnen bis zu einem bestimmten Grad erfüllt bekommen.

37 Entwicklung von Mitarbeitern – „Erziehen" Sie Ihre Mitarbeiter zur Selbstständigkeit!

Mitarbeiter agieren unangemessen, weil schlechte Qualität nicht bemerkt oder zwar wahrgenommen, aber nichts dagegen unternommen wird. Oftmals werden auch Beschwerden gar nicht erst entgegengenommen, nicht bearbeitet oder nicht weitergeleitet. Die Ausführung einzelner Tätigkeiten wird ausschließlich nach Absprache oder nach kontinuierlicher Aufforderung erledigt. Beispiele dieser oder ähnlicher Art erleben Sie in Ihrem Berufsalltag möglicherweise täglich: Ein Arbeitsschritt wird bewusst oder fahrlässig unterlassen, vergessen oder verdrängt und dadurch wird dem Unternehmen Schaden zugefügt. In der Regel sind es scheinbar Kleinigkeiten, die in einem Arbeitsprozess als Nebensächlichkeit abgetan werden, jedoch in ihrer Summe dienen sie keinesfalls der Entwicklung und dem Erfolg des Unternehmens.

Der Fokus der Aufmerksamkeit richtet sich in vielen Unternehmen nur auf große Schritte und nicht auf scheinbar Nebensächliches: große Aufträge, hoher Profit, hohes Umsatzvolumen, Konzernvergrößerung und so weiter. Vor allem Großkonzerne und Branchen, die „auf schnelles Geld" angewiesen sind, vergessen, dass das kontinuierliche Wachstum und eine stabile und langfristige Entwicklung des Unternehmens immer auch im Zusammenhang mit der Entwicklung von Mitarbeitern stehen. In diesem Kontext ist nicht nur die fachliche Entwicklung von Mitarbeitern gemeint, sondern die Entwicklung von Persönlichkeiten, die aus sich heraus Verantwortung für einen Arbeitsprozess durch selbstständiges Denken und Handeln in einem festgelegten Rahmen übernehmen.

Der Prozess der Übernahme von Verantwortung seitens der Mitarbeiter setzt allerdings voraus, dass das Management die Mitarbeiter genügend fördert, damit sie Prozesse/Situationen adäquat einschätzen, reflektieren, konkrete Handlungsalternativen beziehungsweise Vorschläge zur Verbesserung entwickeln und diese dann in Absprache mit dem Management umsetzen können.

Meine Empfehlung

Schaffen Sie Rahmenbedingungen,

▶▶ in denen Mitarbeiter Freiraum zu eigenständigem Denken und Handeln bekommen;

▶▶ in denen angstfreies Arbeiten ermöglicht wird, denn Entwicklung ist nur ohne Angst möglich und Fehler sind notwendige Bausteine im Lernprozess (siehe auch Kapitel III/57: „Adäquates Beschwerdemanagement");

▶▶ in denen zusätzlich zur Aus-, Fort- und Weiterbildung die zeitliche und inhaltliche Möglichkeit gegeben wird, die eigene Persönlichkeit im Sinne von Selbsterfahrung weiterzuentwickeln (z. B. durch Coaching-Angebote für leitende Angestellte, generell im Krisenfall, Kommunikationstrainings ...).

1. Psychologischer Background

Selbstständigkeit von Mitarbeitern im Sinne von verantwortungsvollem Handeln und Denken bedeutet für viele Führungspersönlichkeiten eine Bedrohung und muss entweder verhindert werden oder kann nur in einem ganz engen Rahmen ablaufen. De facto kommt das keiner wirklichen Selbstständigkeit gleich. Das Bedrohungsszenario liegt darin, dass über Mitarbeiter mit hohem Selbstbestimmungsgrad keine übermäßige Kontrolle ausgeübt werden kann, weil sie zu viel Wissen über Abläufe, Strukturen und Prozesse besitzen. Eine starke Kontrolle würde nur als gerechtfertigt angesehen und Akzeptanz finden, wenn es an Wissen fehlt, was bei Mitarbeitern, die solche Prozesse durchlaufen haben, schlichtweg nicht der Fall ist.

Somit können Sie Korrekturen immer nur in einem Bereich vornehmen, in dem Sie als Arbeitgeber mehr Know-how und Fachkompetenz aufweisen als Ihre Mitarbeiter. Wenn Sie als Führungskraft keinen guten Selbstwert besitzen und es daher nicht aushalten, dass Ihre Mitarbeiter an bestimmten Stellen mehr wissen als Sie selbst, sollten Sie sich darauf besinnen, dass Sie dadurch auf einen wichtigen Faktor für Unternehmenserfolg verzichten.

2. Anleitung für die Praxis

So können Sie Eigenständigkeit im Handeln und Denken bei Mitarbeitern erzielen:

» Holen Sie Meinungen/Haltungen Ihrer Mitarbeiter zu bestimmten Problemstellungen ein. Stellen Sie jedoch klar, dass Sie nur an einer ehrlichen Antwort interessiert sind, sonst kann es passieren, dass Sie entweder keine oder eine wenig aussagekräftige Antwort bekommen.

» Regen Sie Diskussionen an zu bestimmten Aufgabenstellungen mit dem Ziel einer Strategieentwicklung und Zieldefinition. Mitarbeiter sollen lernen, selbst Handlungsstrategien und Alternativen zur Zielerreichung zu erarbeiten.

» Geben Sie den Mitarbeitern in Besprechungen sowie auch informell Zeit und Raum, ihre eigenen Ideen und Vorstellungen zu äußern. Stellen Sie Ihre eigene Person etwas in den Hintergrund.

» Stellen Sie für sich und für Ihre Mitarbeiter das Arbeitsmotto auf: Nicht wer warum in der Vergangenheit etwas falsch gemacht hat, ist von Interesse, sondern wie wir es in der Zukunft besser machen!

» Schulen Sie Ihre Mitarbeiter auf einer fachlichen und persönlichen Ebene: durch interne und externe Aus-, Fort- und Weiterbildungsangebote sowie Beratung im beruflichen Kontext zur Verbesserung der Führungsqualität, zur Ressourcenentwicklung leitender Angestellter und Unterstützung von Mitarbeitern in Konfliktsituationen.

3. Formulierungshilfe für die Praxis

Fordern Sie Ihre Mitarbeiter vor allem am Beginn eines Prozesses, der die Eigenverantwortung zum Ziel hat, immer wieder zum selbstständigen Denken und Handeln auf. Folgende Sätze können dabei sehr hilfreich sein:

» Was halten Sie davon, dass …?

» Wie würden Sie entscheiden, wenn Sie an meiner Stelle wären?

» Welches ist Ihrer Ansicht nach eine gute Lösung?

» Schlagen Sie mir mehrere Alternativen vor und geben Sie mir eine konkrete Empfehlung!

» Welche Entscheidung nach welchen Kriterien würden Sie treffen?

» Just do it. Fangen Sie an, Ihre Ideen umzusetzen …!

» Wenn Sie dabei auf Hindernisse stoßen, müssen Sie sich andere Alternativen überlegen …!

» Wenn Sie selbst nicht mehr weiterkommen, holen Sie sich entweder bei den Kollegen Unterstützung oder wenden sich wieder an mich …!

» Überlegen Sie sich zum Thema X eine Möglichkeit, dann sprechen wir darüber …!

» Wenn Sie auf einem Gebiet Wissenslücken haben, suchen Sie sich dazu eine Fort-, Aus- oder Weiterbildung …!

» Was kann in diesem Fall schon passieren, als dass … eintritt? Also probieren Sie aus und geben Sie mir Rückmeldung!

4. Wichtig!

Mitarbeiter dürfen und sollen auf bestimmten Gebieten mehr wissen als Sie selbst. Das macht Sie frei für Ihre eigentliche Aufgabe: die Führung des Unternehmens!

38 Mitarbeiterauswahl – Nicht jeder Mitarbeiter ist für jeden Kunden gleich gut geeignet!

Sie sind als Unternehmer sicher, dass Sie ein gutes Team mit fachkompetenten und leistungsfähigen Mitarbeitern haben. Trotzdem kommt es zu Ihrer Überraschung immer wieder vor, dass sich bestimmte Kunden über einen Ihrer Mitarbeiter beschweren. Das ist für Sie kaum nachvollziehbar, zumal andere Kunden wiederum voll des Lobes sind.

Wie lauten die Beschwerden?

» *Herr X sei so jung und könnte daher seine Probleme aufgrund seines jugendlichen Alters überhaupt nicht nachvollziehen.*

Der Kunde denkt: Problemlösungsstrategien beruhen auf Lebenserfahrung.

» *Frau Y nähme alles so genau und deshalb müsste er jetzt noch Unterlagen beibringen, die sich bestimmt nicht mehr auffinden lassen.*

Der Kunde denkt: Frau Y hat eine zu perfekte Arbeitsweise, die konträr zu seinen eigenen Charaktereigenschaften steht.

▸▸ *Er zweifle stark daran, dass Herr X ihm überhaupt helfen kann, da er frisch vom Studium kommt und von der Realität überhaupt keine Ahnung hat.*
Der Kunde denkt: Die Realität sieht anders aus, als es in den Schulbüchern steht, und kann daher nicht theoretisch abgehandelt werden.

Es handelt sich hierbei um unterschiedliche Aussagen über ein und dasselbe Beziehungsgeschehen: Aus der Sicht des Kunden weist der Mitarbeiter Verhaltensweisen, Persönlichkeitsmerkmale und Haltungen auf, die im Beratungs- oder Verkaufsgespräch bei ihm Widerstand hervorrufen. Auf einer rein emotionalen Ebene werden beim Kunden also durch das „Sosein" des Mitarbeiters unangenehme Gefühle ausgelöst, die in keinem Zusammenhang mit der eigentlichen Fachkompetenz des Mitarbeiters stehen (siehe auch Kapitel III/55 „Kongruente Kommunikation"), aber für den erfolgreichen Abschluss eines Verkaufs- beziehungsweise Beratungsgespräches hinderlich sein können. Die Sichtweisen des Kunden decken sich nicht mit dem, was Ihr Mitarbeiter mit all seinen Persönlichkeitsanteilen zu bieten hat; denn der Kunde will möglicherweise einen Berater, der mindestens so alt ist wie er selbst, damit er das Gefühl bekommt, sein Problem wird aufgrund der Lebenserfahrung einer Lösung zugeführt.

> **Meine Empfehlung**
>
> Machen Sie sich Gedanken darüber, welcher Mitarbeiter für welche Kunden geeignet sein könnte. Fragen Sie den Kunden! Folgen Sie keinem Automatismus, zum Beispiel: Den nächsten Kunden bekommt der nächste frei werdende Berater.

1. Psychologischer Background

Wir erkennen im Gegenüber sehr oft Persönlichkeitsmerkmale, die uns an uns selbst erinnern – entweder in Form von Eigenschaften, die wir auch an uns mögen, oder als solche, die wir lieber vor uns selbst und auch anderen verleugnen. Dies führt im ersten Fall dazu, dass wir Menschen, in denen wir uns in einem positiven Sinne wiederfinden, zugetan sind (ohne viel von ihnen wissen zu müssen), oder im zweiten Fall dazu, dass wir Menschen sofort in die Schublade „nicht liebenswert", „unmöglich", „komisch" und so weiter schieben. Wir sehen in ihnen etwas, das es tunlichst zu vermeiden gilt, um nicht in eine nähere Auseinandersetzung mit eigenen ungeliebten Anteilen zu kommen: So gehen wir in die Abwehr und suchen nach einem scheinbar fachlichen Grund, den wir vorschieben können, um eine Abwertung zu rechtfertigen.

2. Anleitung für die Praxis

Ich biete Ihnen hier einige Möglichkeiten an, durch die Sie herausfinden können, welcher Mitarbeiter eine gute Kommunikationsbasis mit welchen Kunden hat. Dies gilt sowohl für Kunden, mit denen Sie bereits aufgrund einer wiederkehrenden Beratungstätigkeit Erfahrungen gemacht haben, als auch für Neukunden:

▸▸ Erfragen Sie im Erstkontakt mit einem Neukunden, worauf dieser im Beratungsgespräch in Bezug auf die Person des Beraters

  ▸ besonderen Wert legt und

  ▸ was er auf gar keinen Fall haben möchte!

▸▸ Teilen Sie dem Mitarbeiter mit, dass Sie eine Rückmeldung einholen, und begründen Sie dies sowohl dem Mitarbeiter als auch dem Kunden gegenüber damit, dass Sie durch die richtige Auswahl des Mitarbeiters eine hohe Kundenzufriedenheit herstellen wollen. Betonen Sie, dass ein etwaiger Wechsel im Verlauf der Beratungstätigkeit grundsätzlich nichts mit der Kompetenz des Mitarbeiters zu tun hat!

  ▸ Holen Sie sich Feedback von dem Kunden/dem Mitarbeiter nach dem stattgefundenen Beratungsgespräch:

  Was hat Ihnen an Mitarbeiter X gefallen?

  Worauf legen Sie beim nächsten Beratungsgespräch Wert (aus der Sicht des Kunden und des Mitarbeiters)?

  Was kann verbessert werden (gefragt sind auch hier wieder beide Sichtweisen)?

  ▸ Wenn Sie sicher sind, dass Mitarbeiter X nicht in der Lage ist, dem künftig Rechnung zu tragen, lassen Sie einen anderen Mitarbeiter diesen Kundenkontakt übernehmen.

  ▸ Greifen Sie bei Stammkunden auf bewährte Beratungen mit einem bestimmten Mitarbeiter zurück.

▸▸ Vermeiden Sie einen häufigen Wechsel von beratenden Mitarbeitern, weil der gleichbleibende Einsatz eines Mitarbeiters dem Kunden Stabilität und Halt signalisiert und Sie dadurch die Bindungsintensität und -qualität zum Kunden erhöhen. Das wird sich positiv auf Ihren Unternehmenserfolg auswirken.

▸▸ Bedenken Sie im gesamten Prozess, dass es Kunden gibt, die mit keinem Mitarbeiter zufrieden sind: Es handelt sich möglicherweise um Querulanten, die Sie besser besonders in sich ruhenden Beratern zuweisen sollten.

3. Wichtig!

Man könnte meinen, dass der Austausch eines Mitarbeiters im Sinne einer verbesserten Kundenzufriedenheit etwas mit seiner nicht vorhandenen Fachkompetenz zu tun habe. Achten Sie aufgrund dieser weit verbreiteten Haltung also darauf, dass Sie als Arbeitgeber für sich und im Umgang mit Mitarbeitern und Kunden mit einer solchen praktizierten Arbeitsweise keine automatische Abwertung oder eine Degradierung verbinden! Im Gegenteil: Jeder Mitarbeiter hat seine Stärken und diese sollen bei bestimmten Kunden voll zur Geltung kommen!

39 Flexibler Personaleinsatz – „Dafür bin ich nicht zuständig" ist out!

Instabile Märkte, Umstieg auf neue Produktpaletten, starker Konkurrenzdruck und so weiter sind Faktoren, die Sie leicht in eine finanzielle Krisensituation bringen könnten. Dann ist schnelles Krisenmanagement angesagt, um relativ zeitnah einem schwachen Umsatz entgegenzuwirken. In der Regel sind es hohe Personalkosten, die mit 60 bis 70 Prozent des Gesamtbudgets den größten Kostenfaktor ausmachen. Gute Controllingsysteme zeigen Ihnen monatlich genau Ihre Einnahmen und Ausgaben auf und stellen damit für Sie ein Frühwarnsystem dar. Strategien zur „Bekämpfung" von Unternehmenskrisen reichen von der kontinuierlichen Entwicklung neuer Produkte, Werbemaßnahmen, Preisnachlässen und Sonderaktionen bei den Produkten, Ausstieg aus den Tarifverträgen, Streichung von Sonderzulagen, Personalkürzungen bis zu hin Kündigungen.

Vielfach wird in Firmen zusätzlich zu den genannten „Kriseninterventionsstrategien" noch mit dem „effizienten Einsatz" von Personal gearbeitet. Dies betrifft vor allem die Themen:

- ▸ Arbeitszeitkonten: Mitarbeiter werden zu Spitzenzeiten mehr eingesetzt, um in Flauten wieder ihre Mehrstunden abzubauen.
- ▸ Flexible Arbeitszeiten: entsprechend dem täglichen beziehungsweise wöchentlichen Arbeitsaufkommen.
- ▸ Kurzfristige Aufteilung von Arbeit: Bei natürlicher Fluktuation oder länger dauernden Krankenständen werden abhängig von den Umsätzen Stellen vorerst nicht wieder besetzt.
- ▸ Befristung von Arbeitsverträgen: Befristete Arbeitsverträge geben besonders kleinen Unternehmen ein Minimum an Sicherheit.

Dies allein wird manchen von Ihnen helfen, Phasen des Konjunkturabschwungs durchzustehen und zu überleben. Jedoch wird es nicht ausbleiben, um die Zukunftssicherheit von Unternehmen zu garantieren, dass Mitarbeiter auch Tätigkeiten neben ihrer ursprünglichen Aufgabenstellung ausüben, für die sie nicht speziell ausgebildet wurden und nicht gesondert bezahlt werden; allein deswegen, weil entweder kurzfristig oder langfristig bei den Personalkosten gespart werden muss.

Die bisher gängige Haltung „Dafür bin ich nicht zuständig"
erweist sich in wirtschaftlich schlechten Zeiten als arbeitsplatzfeindlich.

Die Einstellung von Menschen zur Arbeit muss sich unabhängig von Stellenbeschreibungen, Arbeits- und Tarifverträgen und Vereinbarungen mit Betriebsräten grundlegend verändern. Einzelinteressen müssen immer wieder im Bedarfsfall zugunsten eines übergeordneten Zieles, nämlich der Absicherung des Unternehmens und damit des eigenen Arbeitsplatzes, zurücktreten!

Meine Empfehlung

Flexibilität bedeutet nicht nur die Möglichkeit flexibler Arbeitszeitgestaltung oder Mobilität. Flexibilität bedeutet auch Willen und Bereitschaft, artfremde, für jeden leicht zu erledigende und einfache Tätigkeiten zu übernehmen. Dies können Sie jedoch von Ihren Mitarbeitern nur erwarten, wenn Sie selbst als Vorbild fungieren.

1. Psychologischer Background

Angst und Widerstand sind ständige Begleiter, wenn es darum geht, dass Menschen Tätigkeiten übernehmen sollen, für die sie nicht ausgebildet wurden (auch wenn es sich um einfache Handgriffe handelt) und die eine scheinbare Mehrbelastung für sie bedeuten. Die Ursache liegt vielfach darin, dass schnell ein Gefühl der Überforderung beziehungsweise Überlastung aufkommt – entweder weil wir denken, uns fehlten Fertigkeiten, dies oder jenes zu tun, oder weil wir uns ausgenutzt fühlen und uns nicht mit niederen Tätigkeiten identifizieren wollen, da dies unseren Selbstwert beeinträchtigen würde. Was uns fehlt, ist eine langfristige Zielorientierung, die es uns (und unserem Selbstwert) erlaubt, Dinge zu tun, um in naher oder ferner Zukunft ein höheres Ziel damit zu erreichen! Wir leben zu sehr im Augenblick verhaftet, in unseren Ängsten, und erkennen dadurch viele Potenziale nicht!

2. Anleitung für die Praxis

Mitarbeiter dazu zu bringen, auch artfremde Tätigkeiten zu übernehmen, die nicht in Stellenbeschreibungen und Arbeitsverträgen schriftlich festgelegt sind, funktioniert nur, wenn Sie bestimmte Rahmenbedingungen dafür schaffen. Beachten Sie dabei bitte, dass es sich nur um einfach zu verrichtende Tätigkeiten handeln darf, die jeder in Ihrem Unternehmen ausführen kann. Sie können dagegen nicht erwarten, dass Ihr Personalleiter beginnt, Baupläne zu zeichnen.

» Sie selbst müssen als Arbeitgeber Vorbild sein. Zeigen Sie Ihren Mitarbeitern, dass auch Sie Tätigkeiten verrichten, die eigentlich nicht Ihrer ursprünglichen Aufgabe als Eigentümer des Unternehmens oder Geschäftsführer entsprechen, zum Beispiel:

  › Kochen Sie Kaffee für Ihre Sekretärin und bei Besprechungen.

  › Machen Sie Ihre Ablage auch mal selbst.

  › Kopieren Sie Ihre Unterlagen selbst, wenn Sie dafür Zeit haben.

  › Helfen Sie in Ihrem Unternehmen aus, wenn Not am Mann ist, auch bei Tätigkeiten, die so gar nicht Ihrer Position entsprechen. Nehmen Sie auch mal einen Besen in die Hand und kehren Sie.

  › Kommen Sie auch mal leger gekleidet ins Unternehmen, zum Beispiel beim Umzug eines Büros, und packen Sie dann mit an.

» Versuchen Sie, mit Ihren Mitarbeitern über das Thema Mehrarbeit im Austausch zu bleiben. Die freiwillige und längerfristige Übernahme zusätzlicher Tätigkeiten, die gleichzeitig ein Mehr an Arbeit bedeutet, erfordert reife Mitarbeiter.

» Führen Sie Ihren Mitarbeitern ihren Lohn für die Übernahme zusätzlicher Tätigkeiten vor Augen: Existenzsicherung, zusätzliches Personal in einem bestimmten Bereich, Anschaffungen, Verschönerung der Büros etc. Sie geben Ihren Mitarbeitern damit eine Perspektive und ein Ziel. Mehrarbeit muss sich lohnen.

» Achten Sie darauf, dass das Gleichgewicht zwischen Geben und Nehmen erhalten bleibt! Nehmen Sie zu viel von Ihren Mitarbeitern (= Missbrauch der Arbeitskraft) und geben Sie zu wenig, kippt das Gleichgewicht und Sie sind schnell in einen arbeitsrechtlichen Streit verwickelt!

3. Formulierungshilfe für die Praxis

Überlegen Sie sich einige Sätze, die Sie parat haben, wenn Mitarbeiter mit dem bisher gewohnten „Dafür bin ich nicht zuständig" auf Sie zukommen, obwohl Sie wissen, dass es keinen fachlichen Grund dafür gibt, dieses oder jenes nicht zu erledigen. Ich biete Ihnen hier einige Formulierungen an, die Sie in ähnlicher oder abgeänderter Form jederzeit anwenden können:

» Wo liegt das Problem, das Sie bei der Erledigung von X sehen?

» Wieso denken Sie, dass Sie dafür nicht zuständig sind?

» Was veranlasst Sie zu dieser Haltung?

» Wer ist Ihrer Meinung nach dann dafür zuständig?

▶ Wieso denken Sie, dass Herr X oder Y besser dafür geeignet sei?

▶ Da ich davon ausgehe, dass jeder Mitarbeiter meines Unternehmens in der Lage ist, X zu erledigen, einschließlich ich selbst, erwarte ich dies auch von Ihnen.

▶ Sie kennen die Finanzsituation des Unternehmens. Wir müssen manche Dinge selbst erledigen, weil uns das Geld für die Stelle X fehlt.

▶ Ich gehe davon aus, dass Sie im Sinne des Unternehmens und dessen Fortbestehen Ihren Teil dazu beitragen werden …

4. Wichtig!

Die freiwillige Übernahme zusätzlicher und artfremder Tätigkeiten setzt voraus, dass es einen Ausgleich dafür gibt! Dieser wird in der Regel nicht monetärer Art sein, vielmehr geht es um die Absicherung des Arbeitsplatzes und damit um die Existenz des gesamten Unternehmens. Der Lohn dafür muss für jeden Mitarbeiter hörbar, sichtbar und fühlbar sein. Mitarbeiter müssen erkennen können, was sie für ihre Mehrarbeit bekommen.

40 Kommunikationsfluss – Informationen verleihen Ihnen Macht!

Haben Sie sich schon einmal Gedanken darüber gemacht, welche Emotionen der von Ihnen gesteuerte Kommunikationsfluss im Unternehmen auslösen kann und was Sie dadurch bewirken? Wahrscheinlich nicht. Spätestens mit der Einführung des Internets und der Möglichkeit der elektronischen Post müsste eine Diskussion im Unternehmen in Gang gekommen sein mit der Thematik: Wer kann E-Mails versenden und wer darf sie empfangen? Nun, Sie werden denken: Völlig klar, der Geschäftsführer, die Sekretärin und jene Mitarbeiter, deren Hauptaufgabe darin besteht, täglich mit der Innen- und Außenwelt zu kommunizieren, was jedoch eine Frage des Ermessens ist. Denn möglicherweise ist es die Aufgabe der Mitarbeiter, mit dem Kunden in Kontakt zu kommen. Gilt dies aber auch, wenn der Kunde mit einem bestimmten Mitarbeiter Kontakt aufnehmen will?

Insbesondere Klein- und Mittelbetriebe steuern den Kommunikationsfluss zwischen den Mitarbeitern und der Außenwelt (Kunden, Geschäftspartner …) insofern, als ein direkter E-Mail-Kontakt nur über die Geschäftsleitung beziehungsweise über den dafür vorgesehenen Mitarbeiter laufen darf. Dieser sortiert die eingehende und ausgehende Post nach Zuständigkeit und Dringlichkeit und leitet sie – oftmals nach erfolgter Zensur – dann entweder nach innen beziehungsweise außen weiter. Als Arbeitgeber haben Sie daher aufgrund der Steuerung des Kommunikationsflusses eine machtvolle Position. Die Möglichkeit, Informationen jederzeit kontrollieren zu können, sie zurückzuhalten, abzuändern beziehungsweise Kontakte nach außen nachvollziehen zu können bedeutet, Macht und Kontrolle über die Mitarbeiter auszuüben. Die einzige Grundlage für solche Arbeitsprozesse bildet im Zeitalter von Internet ein emotionaler Aspekt:

Sie misstrauen Ihren Mitarbeitern!

Diese Tatsache löst bei Ihren Mitarbeitern Unbehagen und Unverständnis auf einer emotionalen Ebene aus. Und Sie schaffen dadurch auch Arbeitsprozesse, die sich nicht durch Effizienz und Effektivität auszeichnen. Sie kreieren durch den Wunsch nach Kontrolle eine Situation, in der mehrere Mitarbeiter mit dem Ein- beziehungsweise Ausgang von elektronischer Post beschäftigt sind.

Meine Empfehlung

Die „Hoheit" über elektronische Post kostet Sie Geld: Zum einen sind Prozesse ineffizient gestaltet und zum anderen wird sich Ihr Misstrauen Mitarbeitern gegenüber, das sich auch noch auf anderen Ebenen bemerkbar machen wird, auf die Arbeitsmotivation niederschlagen! Beide Faktoren tragen nicht zum Unternehmenserfolg bei!

1. Psychologischer Background

Unternehmen sind oftmals aufgrund ganz bestimmter Persönlichkeitsmerkmale der Entscheidungsträger in ihren Arbeitsabläufen eingeschränkt. Arbeitsprozesse sind so gestaltet, dass die Hauptfunktion der Leitenden darin besteht, Mitarbeiter zu überwachen, zu kontrollieren, von der Außenwelt fernzuhalten und so weiter. Das Misstrauen Menschen gegenüber ist so groß, dass ein ausgeklügeltes System der Überwachung gestrickt werden muss. Fehlendes Vertrauen in Mitarbeiter führt im genannten Beispiel dazu, dass der direkte elektronische Weg zwischen Mitarbeitern und Kunden unterbunden wird, weil „hinter jedem Busch ein Feind" gesehen wird. Solche Verhaltensweisen sind nicht wirklich das Ergebnis von Erfahrungen. Vielmehr spielt sich das Bedrohungsszenario in den Köpfen unsicherer, ängstlicher und mit Komplexen behafteter Menschen ab.

2. Anleitung zur Selbstreflexion

Sollten Sie sich bisher keine Gedanken über den eingangs beschriebenen Kommunikationsfluss in Ihrem Unternehmen gemacht haben oder sogar Verhaltensweisen bei sich entdecken, die den von mir beschriebenen ähneln, so reflektieren Sie für sich, was Sie bisher dazu veranlasst hat, einen „kontrollierten Postweg" vorzuziehen:

▸▸ Was, denken Sie, machen Ihre Mitarbeiter falsch, wenn sie direkte Ansprechpartner für Kunden und Geschäftspartner würden? Definieren Sie genau Ihre Befürchtungen!

▸▸ Schätzen Sie auf einer Skala von 0 bis 100 Prozent die Wahrscheinlichkeit, mit der jede einzelne Befürchtung eintreten wird!

▸▸ Was befürchten Sie am meisten, wenn Ihre Mitarbeiter E-Mail-Zugang hätten?

▸▸ Was würde sich im Unternehmen verbessern und/oder auch verschlechtern, wenn alle Mitarbeiter E-Mail-Zugang besitzen würden (vorausgesetzt dies ist Inhalt der Stelle)? Beantworten Sie beide Fragen!

▸▸ Wenn Ihnen nur Verbesserungen einfallen, gibt es keinen Grund, keinen adäquaten Kommunikationsfluss zu gewährleisten!

▸▸ Wenn Ihnen trotz erwiesener Vorteile von elektronischer Post Beispiele von Verschlechterungen einfallen, so nehme ich an, dass Sie die Theorie vom Feind und der Kontrolle aufrechterhalten wollen! Langfristig gesehen keine erfolgversprechende Handlungsweise eines Unternehmers!

3. Wichtig!

Menschen sitzen oftmals der Illusion auf, dass sich das Leben jederzeit kontrollieren ließe. Die Illusion ist so lange perfekt, bis das Gerüst des Kontrollgeflechts in sich zusammenbricht.

41 Beziehungsklärung – Vergeuden Sie Ihre Ressourcen nicht!

Sollte es Ihnen als Unternehmer gelungen sein, mehr als nur ein streng hierarchisches Verhältnis zu Ihren Mitarbeitern aufzubauen, so müsste Sie doch einiges in Erstaunen versetzt haben. Probleme, die von einzelnen Mitarbeitern, Teams oder auch Abteilungen geschildert werden, sind nicht, wie man vermuten könnte, überwiegend rein beruflicher Natur, sondern besitzen sehr oft einen stark emotional gefärbten Charakter. In der Regel geht es darum, warum man mit Herrn X nicht zusammenarbeiten kann, dass Herr Y Vorurteile gegenüber Frauen hat, die Assistentin von Herrn Z ihren Chef kaum ertragen kann, Frau X sich mit ihrer Bürokollegin nicht versteht, Frau Y und Frau Z sich gegen Frau X verschworen haben und so weiter. Die Aufzählung von emotionalen Gefühlszuständen, die sich im beruflichen Kontext abspielen, könnte endlos fortgesetzt werden.

Die Beschäftigung mit den hochkommenden Emotionen, die bestimmte Personen auslösen, nimmt in unterschiedlichen Unternehmensphasen unterschiedlich viel Zeit und Energie in Anspruch. Dies ist vor allem davon abhängig, in welcher Finanzsituation sich das Unternehmen befindet, mit welchen Persönlichkeiten die Leitung, Teams und Abteilungen besetzt sind und wie gut oder schlecht das Unternehmen geführt wird. Stress und Druck tragen nicht zur Eindämmung der geschilderten Emotionen bei.

Der Versuch einer Klärung ist dann notwendig, wenn reale Konflikte (siehe auch Kapitel II/42: „Umgang mit Störungen") den Arbeitsablauf stören. In dem genannten Beispiel geht es jedoch nicht darum, Beziehungen zu klären, weil

▸ alle Beteiligten kein reales Interesse an einer Klärung haben (*Klatsch und Tratsch versüßen eben den Berufsalltag*),

▸ es eine Art von Psychohygiene darstellt, unangenehme Gefühle in Bezug auf Kollegen und Chefs zu verbalisieren und sich vom Gegenüber eine Bestätigung zu holen (*der eigene Selbstwert bleibt dadurch in der Balance*), und

▸ letztendlich der Arbeitsablauf nicht so beeinträchtigt ist, dass dies negative Auswirkungen auf das Unternehmen hätte (*wenn es hart auf hart kommt, wird zusammengearbeitet*).

Meine Empfehlung

Bis zu einem gewissen Ausmaß ist im beruflichen Kontext die Beschäftigung mit Emotionen zwischen Mitarbeitern unvermeidlich. Sie nimmt jedoch überhand, wenn im Unternehmen Stresssituationen entstehen, die den einzelnen Mitarbeitern zur Bedrohung werden. Jene können von der schlechten Finanzsituation des Unternehmens, Mobbing durch Vorgesetzte und Kollegen bis zur Arbeitsüberlastung reichen! Achten Sie deshalb in solchen Situationen immer darauf, dass die Aufgabenstellung im Mittelpunkt steht.

---

1. Psychologischer Background

Nicht nur die Tatsache einer Stresssituation, der wir ausgesetzt sind, belastet uns, vielmehr ist es die Ausweglosigkeit, die uns zu schaffen macht. Daher bedürfen wir in solchen Situationen eines Gegenübers, mit dem wir uns über den verbalen Austausch ein Stück Hoffnung zu erarbeiten versuchen, die uns weiter leben lässt. Leider bringt dies nicht wirklich den gewünschten Erfolg, weil wir die Erfahrung machen müssen, dass der Gesprächspartner sich in einer ähnlichen Situation befindet oder auch kein Patentrezept zur Verfügung hat. Und so harren wir der Dinge, die da kommen mögen, fügen uns in unser

Schicksal und warten ab, bis sich die Welt verändert. Leider tut sie das aber meist nicht und so berauben wir uns einer einfachen Möglichkeit, mit dem Druck und dem Stress besser klarzukommen: Inanspruchnahme einer Beratung, die uns helfen könnte, einen adäquaten Umgang mit der Belastungssituation zu erarbeiten. Aber wollen wir wirklich den glücklichen Zustand der Zufriedenheit erreichen?

2. Anleitung für die Praxis

Grundsätzlich sollten Sie versuchen, Stressfaktoren im Unternehmen für Mitarbeiter so niedrig wie möglich zu halten! Dies garantiert, dass wenig wertvolle Arbeitszeit verloren geht. Was jedoch so leicht geschrieben ist, bildet in der Realität eine besondere Herausforderung für Entscheidungsträger, denn die Gretchenfrage stellt sich schon bei der ersten krisenhaften Finanzsituation des Unternehmens. Selbst in dieser Lage kann es hilfreich sein, wenn Sie ein paar Verhaltensmaßnahmen beachten, die Ihre Person betreffen:

▸▸ Pflegen Sie regelmäßige Kontakte zu Ihren Mitarbeitern. Das kann Mitarbeitern Halt geben (siehe auch Kapitel II/29: „Präsenz im Unternehmen"):
  ▸ Ein Meeting in zwei Wochen reicht nicht aus.
  ▸ Verstecken Sie sich nicht hinter Schreibtisch und Papier.
  ▸ Wenn Sie im Unternehmen anwesend sind, machen Sie Rundgänge durch Ihr Unternehmen: vom Portier bis zu Ihrem Geschäftsführer.
▸▸ Geben Sie Ihren Mitarbeitern das Gefühl, für sie da zu sein, und haben Sie ein offenes Ohr für ihre Probleme:
  ▸ Hören Sie sich ihre Ängste und Sorgen an.
  ▸ Kommentieren Sie nicht, was Sie hören. Das ist lediglich Ausdruck der Unternehmenssituation und damit ihrer derzeitigen Befindlichkeit.
▸▸ Legen Sie das Gehörte nicht allzu sehr auf die Goldwaage. Bedenken Sie, dass Stress Menschen zu eigenartigen Verhaltensweisen und Aussagen veranlasst, deren Folgen sie nicht abschätzen können und die sie später bereuen. Reagieren Sie daher gelassen!
▸▸ Achten Sie auf einen kontinuierlichen Informationsfluss, denn dieser reduziert den Stress. Informationen geben Transparenz und bieten daher Halt. Das Zurückhalten von Informationen verunsichert Mitarbeiter, da die Gerüchteküche kocht, aber keine Sicherheit in Bezug auf die Echtheit der Informationen bietet.
▸▸ Legen Sie in solchen Zeiten besonderen Wert auf Strukturen und festgelegte Prozesse; diese geben emotionalen Halt und gewährleisten auch einen reibungslosen Arbeitsablauf, selbst wenn Chaos herrscht.
▸▸ Grundsätzlich gilt in Phasen hoher Anspannung: Wenn Sie selbst gut in der Lage sind, Stress auszuhalten, und Möglichkeiten eines guten Um-

gangs damit finden, wird sich das auf Ihre Mitarbeiter und das Unternehmen übertragen. Ihre innere Ruhe wird den Grad der Emotionalität der Mitarbeiter bestimmen und damit auch den Ausgang Ihrer Krisensituation (siehe auch Kapitel I/23: „Umgang mit Krisen")!

42 Umgang mit Störungen – Sprechen Sie an, was eigentlich unausgesprochen bleiben soll!

Sie bemerken eine ungute Stimmung im Team, die Atmosphäre ist gereizt. Man grüßt Sie morgens plötzlich nicht mehr so freundlich wie sonst. Es beschleicht Sie das Gefühl, dass man Ihnen sogar aus dem Weg geht. Oder ein Kunde ruft nicht mehr wie gewohnt sofort zurück, sondern lässt sich tagelang Zeit. Irgendetwas zwischen Ihnen und Ihren Mitarbeitern beziehungsweise den Kunden hat sich verändert, ohne dass Sie genau sagen könnten, was es ist und woran es liegen könnte. Sie würden dies gerne verdrängen, vor sich selbst verleugnen, nicht wahrhaben wollen und hoffen, dass sich diese komische Stimmung verändern wird. Ab einem bestimmten Punkt müssen Sie das Problem angehen, weil Sie spüren, dass Ihr Gegenüber mehr mit etwas für Sie nicht Greifbarem beschäftigt ist als mit der Verrichtung der eigentlichen Tätigkeit.

Wertvolle Energie für das Unternehmen geht dadurch verloren, dass ein Teil der Arbeitszeit mit konfliktbehafteten Prozessen vertan wird. Dort, wo im Unternehmen mehrere Mitarbeiter oder Abteilungen zusammenarbeiten müssen, können gute Arbeitsergebnisse durch schwelende Konflikte gefährdet werden!

Wie kann man handeln? Störungen des Betriebsklimas, die sich vorwiegend auf einer emotionalen Ebene abspielen, wirken sich – wie bereits festgestellt – negativ auf den Arbeitsablauf aus und können ganze Abteilungen beschäftigen. Die Mitarbeiter stellen unwillkürlich Mutmaßungen an, setzen Gerüchte in Umlauf, bilden Koalitionen gegen einen angeblichen „Feind" und verweigern im Extremfall die Zusammenarbeit mit Kollegen. Emotionen werden nicht mehr kontrolliert, sondern offen im Unternehmen ausgelebt. Das führt dazu, dass aufgrund emotionaler Befindlichkeiten die korrekte und zeitnahe Ausführung von Arbeitsschritten behindert wird und zwischenmenschlichen Belangen plötzlich mehr Aufmerksamkeit geschenkt wird als der Erfüllung betrieblicher Anforderungen. Es liegt nun an Ihnen, die den Störungen zugrunde liegende Problematik mit den Betreffenden zu thematisieren und zur Klärung beizutragen.

Meine Empfehlung

Die Vermeidung der Klärung emotional gefärbter Stimmungen im Unternehmen weist auf unausgesprochene und ungeklärte Konflikte hin. Selbst wenn die Situation sich irgendwann wieder entspannt, müssen Sie damit rechnen, dass sich in absehbarer Zeit wieder ähnliche Symptome zeigen. Thematisieren Sie, was Sie wahrnehmen, mit den Betreffenden und starten Sie einen Lösungsversuch!

1. Psychologischer Background

Der Charakter eines Menschen, seine Verhaltensweisen, bestimmte Aussagen, die er tätigt, sein Aussehen und viele weitere Faktoren veranlassen uns, Menschen sehr schnell in eine Schublade zu stecken: richtig oder falsch, gut oder böse, angenehm oder unangenehm und so weiter. Hat dieser Mensch schon einen Stempel von uns erhalten, wird er ihn so schnell auch nicht mehr los. Wir neigen dazu, das zu sehen, was wir sehen wollen, und legen dieses Bild nicht nur für alle Zeiten fest, sondern wir suchen auch bei anderen nach einer Bestätigung für die Richtigkeit unserer Wahrnehmung. Und so kommt es, dass wir im privaten Umfeld wie auch im beruflichen Alltag ein bestimmtes, emotional gefärbtes Bild von unseren Kollegen, Vorgesetzten und Mitarbeitern entwerfen, in dem wir den anderen zum Feind oder auch Freund ernennen, uns verbrüdern oder mit ihm Krieg führen, ihn ausgrenzen oder in die Gruppe aufnehmen. Dies hat zur Folge, dass Arbeitsprozesse immer begleitet sind von einer Beziehungsebene, deren Negativausprägung störend auf den Arbeitsalltag wirken kann.

2. Anleitung für die Praxis

Konfliktgespräche haben immer einen unangenehmen Charakter, da die Aufgabe darin besteht, Unausgesprochenes, Ungeklärtes und emotional Gefärbtes zu versachlichen und so zu wenden, dass alle Beteiligten wieder arbeitsfähig werden. Achten Sie deshalb auf Folgendes:

» Eine gute Vorbereitung: Machen Sie sich Notizen über den Inhalt des Gesprächs und über Formulierungen. Sie müssen klar sein in Ihren Aussagen und trotzdem wertschätzend.

» Zieldefinition: Definieren Sie die Ziele des Konfliktgesprächs. Was wollen Sie mit dem Gespräch erreichen?

» Strukturen: Legen Sie für sich eine ungefähre Dauer des Gesprächs und einen roten Faden fest und teilen Sie dies den Beteiligten zu Beginn mit. Bei emotional gefärbten Themen ist eine Struktur unabdingbar, da die Gefahr besteht, die Sachebene zu verlieren. Strukturen geben Halt.

» Sachargumente: Bleiben Sie in Ihren Aussagen stets auf der Sachebene. Konfliktgespräche verleiten dazu, selbst emotional zu werden. Damit rückt eine Lösung in weite Ferne.

» Sitzordnung: Achten Sie auf eine Sitzordnung, die für Sie angenehm ist und für Ihr/e Gegenüber nicht zu viel an Distanz oder Nähe ausdrückt. Vermeiden Sie Gespräche hinter dem Schreibtisch. Empfehlenswert: eine Sitzordnung im Kreis. Vermeiden Sie frontal aufeinander ausgerichtete Sitzpositionen. Dies kann als Kampfansage verstanden werden.

» Dialog: Halten Sie keine Monologe, sondern binden Sie Ihr Gegenüber ein, indem Sie das Gesagte rückkoppeln und Fragen stellen (siehe auch Kapitel I/19: „Gesprächsführung"): Was sagen Sie dazu? Was halten Sie davon? Wie geht es Ihnen damit? Monologe können den Konflikt noch verschärfen, weil Sie möglicherweise als dominant, besserwisserisch oder auch unfähig zur Gesprächsführung eingestuft werden.

Beginnen Sie, auch wenn mehrere Mitarbeiter beteiligt sind, mit Einzelgesprächen, da Sie sich erst ein Bild von der Situation machen müssen und Mitarbeiter unter vier Augen auch offener sind. Beachten Sie bitte den Faktor Vertrauen. Das Gelingen ist wesentlich davon abhängig, ob Sie sich als vertrauenswürdiger „Partner" herausstellen. Die Bereitschaft zur Thematisierung wird fehlen, wenn Sie keinen vertrauensvollen Umgang mit dem Gehörten zusagen können, Ihre Mitarbeiter bei dem Thema Vertrauen von Ihnen in der Vergangenheit enttäuscht wurden oder man Ihnen nicht zutraut, den Konflikt zu lösen. Dies werden Sie daran erkennen, dass es trotz Bemühungen Ihrerseits nicht zu einer Klärung des Konflikts gekommen ist.

» Zur Klärung eines Problems, an dem mehrere Mitarbeiter beteiligt sind, muss im Prozess eine gemeinsame Runde stattfinden, nachdem Sie sich in Form von Einzelgesprächen ein Bild gemacht haben. Bestimmen Sie in dieser Gesprächsrunde einen Moderator (Teilnehmer aus der Runde), der auf die Einhaltung von Kommunikationsregeln achtet, die in hoch emotionalen Diskussionen außer Kraft gesetzt werden:
Reihenfolge der Meldungen einhalten – ausreden lassen – den roten Faden beibehalten – auf die zeitliche Struktur achten – zusammenfassen!

» Die inhaltliche Vorgabe und eine genaue Zielformulierung müssen von Ihnen kommen.

» Achten Sie auf Ergebnisse oder Teilergebnisse. Manche Problemstellungen bedürfen mehrerer Gesprächsrunden. Deshalb ist es wichtig, ein Protokoll zu verfassen.

» Sollten Sie selbst das Problem darstellen, nehmen Sie einen externen Moderator zu Hilfe. Sie können nicht gleichzeitig den Konflikt aufgreifen, bearbeiten und selbst Teil des Problems sein.

3. Wichtig!

Die Wahrscheinlichkeit, einen Konflikt aufzugreifen und so zu bearbeiten, dass der Arbeitsablauf dadurch nicht weiter gestört wird, ist wesentlich höher, wenn sich beide Parteien noch am Beginn eines Konflikts befinden. Hat bereits die Phase der Kriegsführung eingesetzt, in der beide Gegner auf perfide Art und Weise versuchen, den jeweils anderen ans Messer zu liefern, helfen Konfliktgespräche wenig, weil keine Kommunikationsbereitschaft gegeben ist. Eine Trennung der Parteien durch innerbetriebliche Versetzung oder Kündigung ist in diesem Falle unabdingbar.

43 Konstruktiver Umgang mit Widerstand – Es gibt keine Veränderungen ohne Widerstand!

Sie kennen diese unangenehme Situation nur allzu gut: Sie sitzen in einem Meeting und wissen, dass Sie Ihren Mitarbeitern von weiteren Vorhaben erzählen müssen, Entscheidungen treffen und Diskussionen anregen müssen, die mit großer Wahrscheinlichkeit Widerstand hervorrufen werden. Sie wissen jetzt schon, wer die Wortführenden sein werden, wie der Widerstand aussehen wird, wie die Diskussion verlaufen und welche Konsequenzen es geben wird. Und Sie empfinden vor und während des Meetings ein unangenehmes Gefühl in der Magengegend, sind nervös und überlegen, welche Worte Sie wählen werden. Es kommt so, wie Sie es befürchtet haben.

Werden Ihre Entscheidungen und Maßnahmen, die Ihre Mitarbeiter zwar teilweise als sinnvoll und nachvollziehbar empfinden, aus zunächst nicht ersichtlichen Gründen abgelehnt, spricht man von Widerstand. Ihre Vorhaben stoßen auf diffuse Ablehnung, erzeugen nicht nachvollziehbare Bedenken und werden dann auch teilweise durch passives Verhalten boykottiert. Ihr Gegenüber reagiert mit verbalem Widerspruch, Verärgerung oder scheinbarem Desinteresse. Übliche Fragen, die von Mitarbeitern jedoch tunlichst unausgesprochen bleiben, sind:

Wozu brauchen wir das?
Will ich das überhaupt unterstützen?
Kann ich das?

Widerstand enthält immer Botschaften, die auf einer emotionalen Ebene zu suchen sind und wenig mit Sachargumenten zu tun haben. Angekündigte Maßnahmen rufen Bedenken und Ängste hervor, wobei

▸ Ängste als wenig konkret, sondern diffus wahrgenommen werden und für sich selbst nicht erklärt werden können;

▸ Bedenken in Form von „Ja, aber"-Sätzen formuliert werden. Hier handelt es sich in der Regel um Scheinargumente, die keiner Professionalität und Fachlichkeit gerecht werden und damit irrelevant sind.

Grundsätzlich bedeutet ein solches Verhalten immer, dass erst eine gemeinsame Basis geschaffen werden muss für die Realisierung von neuen Vorhaben! Das braucht seine Zeit, die Sie bei der Umsetzung von Projekten, die terminiert sind, einkalkulieren müssen. Tun Sie dies nicht, werden Sie mit aufsässigen Mitarbeitern arbeiten müssen, deren Arbeitsergebnisse mit Sicherheit nicht denen gleichzusetzen sind, die von motivierten Mitarbeitern erbracht werden.

Meine Empfehlung

Veränderungen ziehen immer Widerstand nach sich. Bleiben sie aus, besteht zu wenig ernsthaftes Interesse an Neuem. Gehen Sie deshalb mit dem Widerstand und nicht gegen ihn! Druck erzeugt Gegendruck und führt im Extremfall zu einer symmetrischen Eskalation (= ein Konflikt führt zur Eskalation, da sich beide Parteien hochschaukeln). Bedenken Sie daher, dass Widerstände von Mitarbeitern indirekt auch Kooperationsangebote signalisieren!

1. Psychologischer Background

Menschen haben Angst vor Veränderungen, weil sie gewohnte und lieb gewonnene Dinge loslassen müssen, um Platz für Neues zu machen: Wir müssen die Kontrolle über etwas aufgeben, bekannte und bewährte Strategien zur Bewältigung von Situationen abändern oder neue schaffen. Dem steht die grundsätzliche Angst vor Unbekanntem entgegen und wir entwickeln daher in unserer Fantasie ein Bedrohungsszenario, das der Wirklichkeit keineswegs entsprechen muss. All das veranlasst uns dazu, an bereits Bekanntem festzuhalten, selbst wenn wir wissen, dass es uns schadet oder uns nicht weiterbringen wird. Menschen, die bereits mehrmals die Erfahrung gemacht haben, dass Veränderungen keine Katastrophe bedeuten, tun sich leichter, loszulassen und sich auf Neues einzustellen. Der Widerstand nimmt mit der Summe der (positiven) Erfahrungen ab!

2. Anleitung für die Praxis

Einige Vorschläge zum Umgang mit Widerstand sollen Ihnen helfen, die Situation besser zu verstehen und dadurch so zu verändern, dass aus Widerstand Beteiligung wird:

▸ Nehmen Sie die unterschwellig ablaufenden Emotionen oder auch verbalen Aussagen in Bezug auf Widerstände Ihrer Mitarbeiter ernst.

▸▸ Geben Sie ihnen Raum, indem Sie sie ansprechen.

▸▸ Treten Sie mit Ihren Mitarbeitern in einen Dialog und stellen Sie Fragen.

▸▸ Hören Sie zu. Versuchen Sie nicht, zu erklären, zu rechtfertigen oder zu bewerten.

▸▸ Versuchen Sie, Ihren Mitarbeitern Verständnis entgegenzubringen.

▸▸ Fragen Sie Ihre Mitarbeiter, was sie brauchen, damit sie zustimmen können.

▸▸ Versuchen Sie, gemeinsam eine Lösung zu finden.

▸▸ Kalkulieren Sie für diesen Prozess eine längere Dauer ein. Herauszufinden, was den Widerstand hervorruft, und die Erarbeitung von Lösungen brauchen Zeit.

▸▸ Sollten die Emotionen überschwappen, vertagen Sie die Suche nach befriedigenden Ergebnissen.

▸▸ Probieren Sie diese Ratschläge bei sich selbst aus: All das können Sie auch mit sich und Ihrem Widerstand in Form eines inneren Dialoges testen.

3. Formulierungshilfe für die Praxis

Adäquater Umgang mit Widerständen bedeutet, dass Sie im Gesprächsverlauf auf diese eingehen und mit den Mitarbeitern um Lösungen ringen. Ich biete Ihnen hier einige Satzkonstruktionen an, die es Ihnen erleichtern sollen, ein relativ schwieriges Thema anzugehen:

▸▸ Ich habe das Gefühl, Sie sind nicht wirklich begeistert über mein Vorhaben!

▸▸ Ist das richtig?

▸▸ Was macht Sie so skeptisch?

▸▸ Erklären Sie mir Ihre Gründe, damit ich Sie besser verstehen kann!

▸▸ Ich kann Ihr ablehnendes Verhalten jetzt nachvollziehen und weiß, was Sie meinen. Aufgrund bestimmter Bedingungen (bringen Sie hier Sachargumente) sehe ich die Situation jedoch etwas anders …

▸▸ Wir haben beide in Bezug auf dasselbe Thema verschiedene Ansichten.

▸▸ Haben Sie eine Idee dazu, welches ein für beide Parteien gangbarer Weg wäre, um zum definierten Ziel zu kommen?

▸▸ Spielen wir gedanklich einfach mehrere Alternativen durch!

▸▸ Welche Variante wäre Ihrer Meinung nach für das Unternehmen und auch für Sie als Mitarbeiter die beste?

▸▸ Im Worst Case gibt es manchmal keine Alternativen: Ich sehe mich aufgrund der Tatsache X gezwungen … Ich weiß, dass Sie damit nicht einverstanden sind.

▸▸ Kann ich trotzdem auf Ihre Mithilfe zählen?

▸▸ Gibt es etwas, das ich tun kann, damit Ihre Zweifel etwas weniger werden?

4. Wichtig!

Lösungen zu finden bedeutet nicht, dass Sie als Unternehmer von Ihrem Vorhaben abweichen. Es bedeutet vielmehr herauszufinden, was bei Ihren Mitarbeitern Ängste hervorruft und was Sie als Unternehmer anbieten können, damit sich die Ängste und damit der Widerstand verringern. Bedenken Sie: Zuweilen ist der Widerstand von Mitarbeitern auch gerechtfertigt. Vielleicht sollten Sie genau hinhören!

44 Gesundheitsmanagement – Gesunde Mitarbeiter bringen Ihnen Geld!

Betriebe sind in wirtschaftlich schlechten Zeiten gezwungen, mit immer weniger Mitarbeitern auskommen, die in kürzerer Zeit mehr Aufgaben bei höheren Qualitätsansprüchen erledigen müssen. Diese Tatsache führt automatisch zu Belastungen der Mitarbeiter, die in der Regel durch Überforderung, wenig Anerkennung, Angst um den Arbeitsplatz, schlechtes Betriebsklima und wenig Raum für Gestaltungsmöglichkeiten zustande kommen. Diese rufen vor allem psychosoziale Stressreaktionen hervor. Mobbing durch Vorgesetzte und Kollegen, Burn-out aufgrund lang andauernder Belastungen und Angstzustände, hervorgerufen durch eine permanente Bedrohung im Hinblick auf die eigene Existenzsicherung, wirken sich irgendwann auch auf körperlicher Ebene aus. Zu den psychosomatischen Reaktionen kommen mit der Zeit auch körperliche Symptome.

Die Folgen: Besonders psychosoziale Belastungen und deren Symptome bedürfen einer langen Phase der Regeneration, wodurch es zu hohen Fehlzeiten kommt, die das Unternehmen Geld kosten.

Die Kosten beziehen sich hier nicht nur auf die Entgeltfortzahlung im Krankheitsfall, sondern auch auf den monatelangen Personalersatz. Oft wird auch die Auftragserledigung hinausgeschoben oder es werden aufgrund fehlender Personalreserven weniger Aufträge angenommen, wodurch dem Unternehmen wiederum Einnahmen verloren gehen! Wird – wie so oft – die Arbeit unter dem bereits bestehenden Mitarbeiterstamm aufgeteilt, kann dies zwar kurzfristig eine vernünftige Lösung darstellen; langfristig gesehen besteht aber die Gefahr der Überlastung der verbliebenen Mitarbeiter. Daher kann hier keinesfalls von einer Lösung des Fehlzeitenproblems gesprochen werden.

Was also tun? Es liegt an Ihnen, eine Unternehmenskultur und dementsprechende Rahmenbedingungen zu schaffen, in denen Mitarbeiter sich wohlfühlen und im Berufsalltag „normale durchschnittliche Belastungssituationen" adäquat verarbeiten können, ohne dabei wirklich krank zu werden. Wie bereits an anderer Stelle erwähnt, sind betriebliche Faktoren wie die Sicherheit des Arbeitsplatzes, eine gute Arbeitsatmosphäre, ein hohes Maß an Selbstbestimmung und eine gelungene Kommunikation Faktoren, die zu einem großen Teil durch die Führung des Unternehmens beeinflusst werden können und den Wohlfühlgrad Ihrer Mitarbeiter ausmachen.

Meine Empfehlung

Sie selbst bestimmen als Arbeitgeber durch eine mitarbeiterbezogene Haltung und dementsprechende Rahmenbedingungen die Anzahl der Fehlzeitentage Ihrer Mitarbeiter mit. Eine am Menschen orientierte Haltung des Unternehmens schafft die Basis für eine Wohlfühlatmosphäre, in der Mitarbeiter zwar auch einmal krank werden, die Fehlzeiten insgesamt aber gering bleiben.

---

1. Psychologischer Background

Es ist kein Geheimnis, dass sich seelisches Wohlbefinden und Zufriedenheit auf den Gesundheitszustand eines Menschen positiv auswirken. Und damit ist nicht nur ein Wohlgefühl im Privatbereich, sondern auch im beruflichen Bereich gemeint, nachdem wir in einer Zeit leben, in der wir ja einen Großteil unseres Tages am Arbeitsplatz verbringen. Ein kleiner Schnupfen oder eine Grippe im Winter bringen das System Unternehmen keineswegs ins Wanken, wenn Sie für einen Mitarbeiter Fehlzeiten von rund acht bis zehn Arbeitstagen im Jahr kalkulieren. Was aber richtig teuer wird, sind chronische Erkrankungen, die oftmals, ehe sie sichtbar werden, durch seelische Konflikte ausgelöst werden. Ein rascher Gesundungsprozess ist hier nicht möglich, denn seelische Probleme als Mitverursacher für chronische Erkrankungen lösen sich nicht von selbst und begleiten Menschen nicht nur Monate, sondern oft Jahre ihres Lebens. Die Schwierigkeit liegt darin, dass diese Krankheiten zunächst nicht als solche diagnostiziert und auch nicht behandelt werden oder schwer behandelbar sind. Es kommt auch vor, dass Menschen aus einem falschen Schamgefühl heraus die Behandlung nicht in Anspruch nehmen.

2. Anleitung für die Praxis

Wie Sie das Wohlbefinden Ihrer Mitarbeiter steigern können, erklärte ich bereits an anderer Stelle ausreichend. Ich möchte mich daher hier auf die Schaffung eines Umfelds beschränken, das einen unmittelbaren und direkten Einfluss auf den Gesundheitszustand von Mitarbeitern haben kann:

▸▸ Gestalten Sie Schreibtische und Computerarbeitsplätze möglichst angenehm:
Bildschirmschoner, natürlicher Lichteinfall im Büro, Fenster, die man öffnen kann, ergonomische Sitzmöbel, Laptops mit eigener Tastatur, keine Klimaanlage im Nacken ...

▸▸ Erklären Sie die Büros zu Nichtraucherzonen.

▸▸ Schaffen Sie einen Ruheraum für Ihre Mitarbeiter, der auch zur Entspannung genutzt werden darf.

▸▸ Bieten Sie – wenn möglich – die Nutzung eines firmeneigenen Fitnessstudios an.

▸▸ Versuchen Sie, mit Gesundheitseinrichtungen wie etwa Hallenbädern, externen Anbietern von Krafttraining, Ernährungsberatungsinstituten, Suchtberatungsstellen und Anbietern von Entspannungstraining Kooperationen herzustellen, aus denen Sie konkrete Angebote für Ihre Mitarbeiter entwickeln.

▸▸ Wenn Sie es sich leisten können, stellen Sie psychologisch geschultes Personal ein, das sich um die seelischen Belange Ihrer Mitarbeiter kümmert.

▸▸ Geben Sie Ihren Mitarbeitern die Möglichkeit, bei massiven Konflikten einen externen Coach in Anspruch zu nehmen (siehe auch Kapitel I/23: „Umgang mit Krisen").

3. Formulierungshilfe für die Praxis

Als Arbeitgeber sollten Sie sich auch mit der Frage beschäftigen, wie Sie auf eine Krankmeldung eines Mitarbeiters reagieren. Dies mag für Sie keine Bedeutung haben, nimmt jedoch in der Praxis gravierenden Einfluss auf die Anzahl der Fehlzeiten. Denn je repressiver und bedrohlicher Sie auf den (schlechten) Gesundheitszustand antworten, desto mehr erhöhen Sie den Druck auf den Mitarbeiter. Das ist kontraproduktiv, versetzt den Angestellten nur in Angst und führt dazu, dass er sich nicht mehr hinreichend auskuriert. Auf der anderen Seite soll dies jedoch nicht bedeuten, dass Sie in jedem Fall stets höflich und freundlich nur abnicken, wenn sich der Kollege bereits die sechste Woche krankmeldet.

Grundsätzlich sehe ich kein Problem bei Fehlzeiten, die sich im Rahmen von weniger als zwei Wochen jährlich bewegen. Alles, was darüber hinausgeht, sollten Sie zuerst für sich und dann mit dem Mitarbeiter reflektieren. Wichtig ist es, eine genaue Differenzierung vorzunehmen zwischen einmaligen Ereignissen wie Unfälle oder plötzlich auftretende Erkrankungen, die über einen längeren Zeitraum andauern und dann aber wieder abklingen, und chronischen beziehungsweise seelischen Erkrankungen.

Diese Unterscheidung ist in der Praxis etwas schwierig, weil Sie – ausgenommen der Mitarbeiter teilt Ihnen das freiwillig mit – keine Informationen über die Art der Erkrankung erhalten. Sie sind daher bei der Beurteilung auf Ihr Gefühl und Ihre Beobachtungen angewiesen. Wenn Sie also die gleiche Erkrankung als Ursache für die Fehlzeiten als immer wiederkehrend identifizieren oder sogar seelische Probleme vermuten, müssen Sie dies mit dem Mitarbeiter thematisieren. Dabei muss das eindeutig erklärte Ziel die Entwicklung entsprechender Maßnahmen – medizinischer oder auch betrieblicher Natur – zur Linderung des Leidens sein. Ich biete Ihnen hier einige Formulierungen als Unterstützung für die Thematisierung einer eigentlich privaten und intimen Angelegenheit, nämlich für den Bereich der chronisch gewordenen oder/und seelischen/psychischen Erkrankungen, an:

- Herr/Frau X, ich würde gern mit Ihnen über Ihre Fehlzeiten sprechen, da ich sehe, dass Sie in den letzten Monaten …
- Die Frage, die es für mich zu klären gilt, ist, inwieweit das Unternehmen Sie bei der Genesung unterstützen kann. Schließlich haben wir ein natürliches Interesse an Ihrer Arbeitskraft …
- Mir ist natürlich bewusst, dass Sie mir keine Informationen bezüglich Ihrer Krankheit geben müssen. Wenn Sie aber das Gefühl haben, dass diese in irgendeinem Zusammenhang mit Ihrer Arbeitsstelle steht, wäre es sinnvoll, dass wir das gemeinsam angehen …
- Sie wissen, dass Sie im letzten Jahr mehrere Monate immer wieder aus Krankheitsgründen abwesend waren. Ich würde gern von Ihnen hören, was Sie für Ihre Genesung tun …
- Was glauben Sie, welche Maßnahmen das Unternehmen für Sie ergreifen kann, damit Sie Ihren Arbeitseinsatz kontinuierlich erbringen können?
- Da Sie im letzten halben Jahr permanent krankgeschrieben waren, würde ich gern von Ihnen hören, wie Sie Ihren Genesungsprozess in den nächsten Monaten einschätzen …
- Ich würde gern eine konkrete Antwort von Ihnen hören, da wir natürlich über einen längerfristigen Ersatz für Sie nachdenken müssen …
- Wann dürfen wir wieder mit Ihrer Rückkehr rechnen?
- Wir sind in der Lage, Ihre Aufgaben über mehrere Monate hinweg unter den Kollegen zu verteilen. Ich muss allerdings jetzt von Ihnen wissen, ob Sie jemals wieder an Ihre Arbeitsstelle zurückkehren können …

4. Wichtig!

Je klarer, aber auch je verständnisvoller Sie mit einem kranken Mitarbeiter umgehen und versuchen, gemeinsam an einer Lösung zu arbeiten, desto schneller bekommen Sie einen „gesunden" Menschen zurück – immer in Relation zu dem gesehen, was bei chronischen und seelischen Erkrankungen im Rahmen des Machbaren liegt!

45 Arbeitsrechtliche Konflikte – Sorgen Sie für eine gute Kommunikationsbasis!

Innerbetriebliche Auseinandersetzungen, mit denen Sie als Unternehmer fast täglich konfrontiert sind, reichen von Versetzungsabsichten an einen anderen Standort über tarifrechtliche Angelegenheiten bis zur Absicht des Unternehmens, Mitarbeiter zu kündigen. Eine unangenehme Sache. Denn wenn man Sie seitens der Mitarbeitervertretung offiziell um einen Gesprächstermin bittet, wissen Sie bereits längst von der Problemsituation, die sich aus den getroffenen Entscheidungen automatisch ergeben hat. Und Sie ahnen, wie viel Geld, Zeit und vor allem Nerven Sie eine Auseinandersetzung und das Ringen um „Lösungen" kosten wird.

Die Frage, die sich in diesem Kontext aufdrängt, ist *die nach einer adäquaten Kommunikationsform zwischen dem Unternehmen und den Mitarbeitern im Vorfeld*, sodass eine zwischengeschaltete (legale) Institution – der Betriebsrat – erst gar nicht in Anspruch genommen werden muss. Der wertschätzende Umgang mit Mitarbeitern erspart vielfach den Konflikt mit dem Betriebsrat.

Mangelt es im Verhältnis Arbeitgeber – Arbeitnehmer an einer guten Kommunikationsbasis und wird der Betriebsrat im Konfliktfall tätig, zeigt sich in der Praxis, dass nach der Beteiligung von Personalvertretern bereits problembehaftete Thematiken eine weitaus größere Dimension erreichen. Das ruft in einem Prozess der Auseinandersetzung irgendwann eine sogenannte Pattsituation der beteiligten Parteien hervor. Dem ist meistens eine Steigerung des Konfliktpotenzials durch stark emotional gefärbte Kommunikationsvorgänge schriftlicher oder mündlicher Art vorausgegangen, in denen sich die beteiligten Konfliktpartner so hochgeschaukelt haben (= „symmetrische Eskalation"[27]), dass man ab einem bestimmten Zeitpunkt weiter von einer Einigung entfernt ist als je zuvor.

Hier gilt es, als Unternehmer in der Arbeit mit dem Betriebsrat – trotz unterschiedlicher Sichtweisen und Interessen – zu fairen Interessenverhandlungen zu kommen und jede Taktik zu vermeiden, die den Betrieb viel Geld kostet und nicht wirklich einer Lösung zuträglich ist!

Was können Sie als Unternehmer im Vorfeld tun,
um Ihre Interessen und die Ihrer Mitarbeiter gleichzeitig wahrzunehmen,
ohne dass allzu viel Porzellan zerschlagen wird?

Meine Empfehlung

Binden Sie Ihre Mitarbeiter von Anbeginn an durch eine kontinuierliche Informationspolitik in unternehmerische Entscheidungsprozesse ein. Das betrifft insbesondere Themen wie Investitionen, Gewinn/Verlust, Standortfragen, Marktanalysen, Wettbewerbssituation, Umsätze etc. Mitarbeiter, die Sie am Unternehmensgeschehen teilhaben lassen, können eher unliebsame Entscheidungen Ihrerseits nachvollziehen und werden weniger Widerstand aufbauen.

1. Psychologischer Background

Vor allem in Großbetrieben prallen zwei Weltbilder aufeinander: das der Mitarbeiter, die nach einer permanenten Absicherung ihres Arbeitsplatzes trachten, und das des Unternehmens, das selbstverständlich auch an der Erhaltung der Organisation interessiert ist (möglicherweise in einer anderen Form, an einem anderen Standort), aber ab einem bestimmten Zeitpunkt aus den Fugen gerät. Das geschieht, wenn die Geschäftsführer und Vorstände meinen, dass durch ihr eigenes Zutun ihr Unternehmen unendlich in den Himmel wachsen kann. Um das zu erreichen, sind viele von ihnen bereit, durch die Wegrationalisierung ganzer Betriebsteile eine große Anzahl von Mitarbeitern der Arbeitslosigkeit auszusetzen. Diese sehen sich dadurch natürlich veranlasst, sich vertrauensvoll an ihre Betriebsräte zu wenden, die dieses Schicksal abwenden sollen. Nur: Die Aussicht auf einen Goldregen ist wesentlich verlockender als die Drohgebärde von Personalvertretern, was Mitarbeiter wiederum dazu bringt, dem Unternehmer gegenüber eine feindliche Haltung einzunehmen und auf ihre Rechte zu pochen.

2. Anleitung für die Praxis

An dieser Stelle muss ich selbstverständlich darauf hinweisen, dass nicht alle Unternehmen Rationalisierungsmaßnahmen im großen Stil durchführen, weil sie dem Goldrausch verfallen sind. Häufig gehören solche Maßnahmen auch zu den Überlebensstrategien für das Unternehmen, die jedoch aufgrund der Erfahrungen mit vielen schwarzen Schafen von der Öffentlichkeit und den Mitarbeitern selbst nicht wahrgenommen werden können. Hier gilt es seitens der Unternehmen, Vorsorge zu treffen, dass sie im Notfall ein klares Bild ihrer Situation zeichnen können, um sich trotz unliebsamer Maßnahmen von den schwarzen Schafen deutlich abzugrenzen. Denn je besser hier eine Abgrenzung erfolgt, desto leichter können Ihre Mitarbeiter Ihre getroffenen Entscheidungen verkraften. Beachten Sie daher eine korrekte Informationspolitik in Bezug auf die Haushaltslage Ihres Unternehmens (siehe auch Kapitel IV/59: „Übernahme von finanzieller Verantwortung"):

» Informationen müssen für jedermann verständlich aufbereitet sein.

» Informationen müssen in regelmäßigen Abständen weitergegeben werden: Sie signalisieren damit, dass Sie keine Geheimnisse haben und Ihre Mitarbeiter nicht plötzlich von einer Kündigung überrascht werden.

» Es muss gewährleistet sein, dass jeder Mitarbeiter aufgrund konkreter Anlässe zeitnah Informationen mit dem gleichen Inhalt erhält. Bevorzugen und benachteiligen Sie keine Mitarbeiter, sonst brodelt die Gerüchteküche.

» Schildern Sie nicht nur Informationen, sondern auch Prozesse, an deren Endpunkt eine Entscheidung stand. So wird Ihre Entscheidung, und sei sie auch noch so unangenehm für die Mitarbeiter, verständlicher und nachvollziehbarer.

» Gravierende Entscheidungen Ihrerseits müssen mit „Beweisen" – zum Beispiel Bilanzen – unterlegt sein. Dies macht Sie weniger angreifbar.

» Legen Sie genau dar, was Sie bisher getan haben, um die Situation abzuwenden. Mitarbeiter müssen nachvollziehen können, dass es trotz vielfacher Maßnahmen keine andere Möglichkeit für eine bestimmte Entscheidung gibt.

» Negative Informationen (zum Beispiel Standortverlegung, Stellenabbau …) lösen Angst bei Ihren Mitarbeitern aus. Stehen Sie daher immer für offene Fragen zur Verfügung. Sie bieten Ihren Mitarbeitern dadurch emotionale Sicherheit.

» Signalisieren Sie Ihren Mitarbeitern, dass Sie selbst im schlimmsten Fall, der eintreten kann, versuchen werden, eine adäquate Lösung zu finden. Sie setzen dadurch Signale, die auch Ihre Fürsorgepflicht Ihren Mitarbeitern gegenüber deutlich machen.

3. Wichtig!

Das Ziel einer adäquaten Informationspolitik ist auch, dass Sie dadurch im Kontakt mit Ihren Mitarbeitern bleiben – unabhängig davon, wie unlösbar ein Problem erscheint! Eine gute Kommunikationsbasis ist der halbe Weg zur Konfliktlösung!

46 Abmahnung und Kündigung – Lernen Sie sich abzugrenzen!

Sie bemerken an Ihrem Mitarbeiter plötzlich eigenartige Verhaltensweisen *(Sie denken: Eigentlich war er seit Beginn seines Arbeitsverhältnisses etwas komisch)*: Er arbeitet schlampig und macht häufig Fehler *(obwohl Sie ihn bereits darauf aufmerksam gemacht haben, präziser und genauer zu arbeiten)*. Er vergreift sich den Kollegen gegenüber im Ton und wird verbal ausfällig und beleidigend *(die Kollegen haben ihm bereits eine dementsprechende Rückmeldung gegeben)*. Den Kunden gegenüber verhält er sich äußerst unfreundlich und wenig bis gar nicht serviceorientiert. *(Es haben sich bereits Kunden bei Ihnen über diesen Mitarbeiter beschwert.)* Trotz mehrmaliger Gespräche und Hinweise auf sein Verhalten und der klaren Aufforderung dies zu verändern, zeigt Ihr Mitarbeiter wenig Bereitschaft und Einsicht. *(Er denkt, er verhält sich korrekt, und „Launen" hätte ja wohl jeder.)* Mittlerweile beobachten Sie dieses auffällige Verhalten seit Monaten und bemerken an sich und Ihren Reaktionen, dass Sie diesem Mitarbeiter gegenüber negative Gefühle wie Aggressionen und Unzufriedenheit empfinden. *(Er stört den Arbeitsablauf, schafft ein negatives Arbeitsklima und vergrault Ihre Kunden.)*

Für die nächste problematische Situation, die im Unternehmen auftaucht, machen Sie automatisch diesen Mitarbeiter verantwortlich. Sie beginnen nicht nur im Geist, sondern auch auf einer realen Ebene, sich ihm gegenüber feindselig zu verhalten. Darauf reagiert der Mitarbeiter mit feindseligen Verhaltensweisen und Antworten. Es kommt zu einem konfliktbehafteten Arbeitsverhältnis mit hoher Emotionalität auf beiden Seiten, die sich immer weiter hochschaukelt.

In dieser Situation haben Sie bereits einen Punkt erreicht, an dem das Vertrauen zwischen Ihnen und dem Mitarbeiter unwiderruflich gestört ist. Ihr Mitarbeiter zeigt ein für das Unternehmen in höchstem Maße schädigendes Verhalten, das Sie zu drastischen Maßnahmen – unter Einhaltung der arbeitsrechtlichen Vorgaben – zwingt: Abmahnung und Kündigung. Bisher haben Sie davon Abstand genommen, da

Sie ein harmoniebedürftiger Mensch sind, Angst davor haben, sich mit diesem Mitarbeiter auf dieser Ebene auseinanderzusetzen, und Mitleid empfinden, da Ihr Mitarbeiter Familie hat.

Die Gründe für das „Gewährenlassen" und dafür, keine formalen Grenzen zu setzen, können vielfältiger Natur sein. Sie stehen aber immer im Zusammenhang mit Ihrer Fähigkeit, sich emotional von Menschen und deren Verhaltensweisen zu distanzieren, abzugrenzen und zu trennen. Arbeitsrechtliche Instrumentarien stellen nur legale Hilfsmittel dar, die bestimmte Verhaltensweisen auf eine sachliche und fachliche Ebene bringen.

Meine Empfehlung

Der Prozess der Abmahnung und Kündigung setzt bei Ihnen die Fähigkeit voraus, zur betreffenden Person eine emotionale Distanz einzunehmen, um den Konflikt dadurch zu versachlichen!

1. Psychologischer Background

Vor allem Klein- und Mittelbetriebe zeichnen sich durch eine emotionale Nähe zwischen den Mitarbeitern und der Leitung aus. Man kennt sich nicht nur beim Namen, sondern weiß diesem Namen auch oftmals Geschichten hinzuzufügen, die das Leben im Laufe der Jahre schreibt. So wundert es nicht, dass auch aufgrund der Nähe eine Beziehung zwischen Mitarbeiter und Chef entsteht, die es dem Chef schwer macht, Abmahnung und Kündigung auszusprechen. Kommt dann noch ein Persönlichkeitsanteil hinzu, der als harmoniebedürftig oder besonders empathisch einzustufen ist, schleppen solche Unternehmer manches Mal Mitarbeiter mit, die mit ihrem Leistungsvermögen oder auch Leistungswillen nicht nur nicht den betrieblichen Anforderungen gerecht werden, sondern dem Unternehmen sogar schaden.

2. Anleitung für die Praxis

Der formale Weg von der Abmahnung bis zur Kündigung ist arbeitsrechtlich geregelt und bedarf daher auch keiner weiteren Erklärung. Ich würde Ihnen daher lieber anhand einiger Fragen den Weg vom Zeitpunkt der Beobachtung des destruktiven Verhaltens eines Mitarbeiters bis zu seiner Kündigung aufzeigen:

- Welches Verhalten Ihres Mitarbeiters ist im Sinne des Unternehmens störend/auffällig/hinderlich/ungenügend/arbeitsrechtlich abmahnungswürdig? Beschreiben Sie dieses Verhalten genau!
- Seit wann zeigt Ihr Mitarbeiter dieses Verhalten? Bestimmen Sie einen genauen Zeitpunkt!
- Hat sich dieses Verhalten verändert? Wenn ja, inwiefern? Skizzieren Sie einen Verlauf! Beschreiben Sie detailliert die Veränderung!
- Was haben Sie bisher getan, um dieses Verhalten abzustellen? Haben Sie Kritikgespräche geführt? Wenn ja, wie viele und in welchen Abständen? Beschreiben Sie Ihre Versuche!

➤➤ Hat sich sein Verhalten dadurch verbessert?

➤➤ Wenn nicht, bringen Sie jetzt Ihre Kritikpunkte auf eine formale Ebene: Abmahnung!

➤➤ Wenn Sie bisher davon Abstand genommen haben, welche Gründe hatten Sie dafür?
Benennen Sie fachliche und/oder emotionale Hinderungsgründe!

➤➤ Wenn Sie an Ihr Unternehmen denken und an Ihre restlichen Mitarbeiter, was, meinen Sie, ist momentan richtig und gut?

➤ Wählen Sie bewusst zwischen Abwarten oder Handeln.

➤ Was brauchen Sie, um jetzt zu handeln?

➤➤ Wenn Sie sich für weiteres Abwarten entschieden haben: Wann, denken Sie, werden Sie aufgrund welcher Kriterien in der Lage sein, eine Abmahnung auszusprechen? Was muss passieren, damit Sie handeln?

➤➤ Wenn Sie diese letzte Frage nicht beantworten können, vermute ich, dass Sie sich insgeheim dazu entschlossen haben, diesen Mitarbeiter weiter zu beschäftigen. Welchen Gewinn versprechen Sie sich davon, gerade ihn mit seinen Verhaltensweisen im Unternehmen zu belassen?

Analog dazu können Sie dieselben Fragen auf den Prozess der Kündigung nach erfolgter Abmahnung übertragen, wobei die Frage nach dem Hinderungsgrund hier schwerer wiegen wird, weil eine Kündigung im Gegensatz zur Abmahnung definitiv und mit drastischen Folgen für den Mitarbeiter verbunden ist.

3. Wichtig!

Gerade weil in kleinen Betrieben die Rahmenbedingungen für eine räumliche und emotionale Nähe zwischen Mitarbeitern und Chef gegeben sind, ist es unabdingbar, dass Sie als Arbeitgeber bewusst emotionale Distanz zu den Angestellten halten. Dies erleichtert Ihnen in vielerlei Hinsicht den Griff zu arbeitsrechtlichen Instrumentarien.

47 Ausstellung eines Arbeitszeugnisses – Beziehen Sie Ihre Mitarbeiter dabei ein!

Als Arbeitgeber haben Sie mit Sicherheit auch schon unangenehme Erfahrungen mit Mitarbeitern gemacht, nachdem Sie ihnen ein Arbeitszeugnis ausgestellt hatten, von dem Sie geglaubt haben, dass es ein Abbild des konkreten Arbeitsalltages darstellt. Dies sieht Ihr Mitarbeiter jedoch anders und bittet entweder um Abänderung seines Arbeitszeugnisses oder, was für Sie noch wesentlich drastischere Konsequenzen haben kann, er strebt gleich einen Arbeitsgerichtsprozess an und Sie erhalten eine Vorladung vor Gericht. Der

Grund dafür: Sie haben ihm schriftlich eine zufriedenstellende Arbeitsleistung attestiert, Ihr Mitarbeiter hält aber seine Leistungen für sehr zufrieden stellend.

Was ist im Vorfeld passiert, dass Sie wegen einer scheinbaren Kleinigkeit – der Formulierung einer Leistung – gleich vor dem Kadi erscheinen müssen, ohne vorher seitens des Mitarbeiters die Möglichkeit einer offenen Kommunikation bekommen zu haben?

Die Abänderung eines Arbeitszeugnisses, das Sie möglicherweise mit viel Mühe erstellt haben, kostet in erster Linie Geld. Entweder weil Ihre Arbeitszeit davon zum wiederholten Male betroffen ist und/oder weil Sie einen Anwalt bezahlen müssen, um sich vor Gericht vertreten zu lassen. Dies erscheint im vorliegenden Fall jedoch bei näherer Betrachtung das geringere Übel zu sein. Was als viel gravierender in Bezug auf Mitarbeiterführung zu erachten ist, ist die Tatsache, dass es in diesem Beispiel an offener Kommunikation zwischen Arbeitgeber und Mitarbeiter gefehlt hat. Menschen, die wegen einer kleinen Korrektur eines wichtigen Schriftstückes die Unterstützung der Anwälte und Gerichte suchen, leiden darunter, dass es im Unternehmen im Vorfeld keine Form oder Möglichkeit des ehrlichen Austausches gegeben hat oder – was noch viel schwerer wiegen kann – der Mitarbeiter sich juristischer Instrumentarien bedienen musste, um sich Gehör zu verschaffen.

Muss sich zuerst der Mitarbeiter der Gerichtsbarkeit bedienen, um eine Chance für die Durchsetzung seiner Interessen zu bekommen, oder pflegen Sie grundsätzlich keine offene und ehrliche Kommunikation mit dem Personal, weil Sie Angst davor haben, dass das Gesagte vor Gericht zu Ihren Ungunsten ausgelegt wird? Unabhängig davon, welcher Schluss gezogen werden kann, befinden sich Unternehmer und Mitarbeiter in einer feindseligen Kommunikationsspirale, die nur in einer destruktiven Auseinandersetzung enden kann und wahrscheinlich erst vor Gericht ihren Abschluss finden wird.

Meine Empfehlung

Pflegen Sie eine offene Kommunikation gerade mit diesem Mitarbeiter, auch über die Ausstellung des Zeugnisses. Damit vermeiden Sie arbeitsrechtliche Konflikte. Binden Sie ihn bei der Erstellung ein, indem er eine schriftliche Vorlage anfertigt, Sie gemeinsam über Ihre Vorstellungen sprechen und damit zu einer klaren inhaltlichen Vereinbarung kommen! Nutzen Sie das Thema „Arbeitszeugnis" zu einem Abschluss- und Reflexionsgespräch im Hinblick auf die erbrachten Leistungen.

1. Psychologischer Background

Konfliktsituationen sind das Ergebnis einer misslungenen Kommunikation zwischen zwei Parteien. Wenn Menschen sich unverstanden fühlen, nicht ernst genommen oder abgewertet werden, rächen sie sich irgendwann am Gegenüber. Dies kann in Form passiven Widerstandes geschehen, indem im besten Fall Dienst nach Vorschrift verrichtet wird, im schlechtesten Fall aus einem unauffälligen Mitarbeiter ein Störenfried und Querulant wird oder – was für Arbeitgeber noch viel unangenehmer werden kann – ein pervertierter Canossagang zum Arbeitsgericht! Arbeitszeugnisse eignen sich hervorragend, einen bereits schwelenden Konflikt zu entzünden.

Denn diese stellen meist nicht nur den Endpunkt eines Arbeitsverhältnisses dar, sie spiegeln möglicherweise auch zum ersten Mal während der Beschäftigungszeit die Leistung eines Mitarbeiters in schriftlicher Form wider. Und spätestens an der schriftlichen Darstellung scheiden sich die Geister: Was bis dahin oftmals unausgesprochen blieb oder nur diffus formuliert wurde, muss jetzt auf dem Papier seinen Ausdruck finden. Es kommt also etwas ans Tageslicht, das der Mitarbeiter nicht sehen wollte und der Arbeitgeber nicht formulieren konnte!

2. Anleitung für die Praxis

Die eigentliche Arbeit für Sie besteht nicht in der Ausfertigung des Zeugnisses, sondern in der Auseinandersetzung mit dem Mitarbeiter über Inhalt und Form im Vorfeld. Ich biete Ihnen daher an dieser Stelle einige Anregungen, wie Sie die Kommunikation mit dem Mitarbeiter so gestalten können, dass Sie im Nachhinein konfliktfrei das Arbeitsverhältnis beenden können:

▶▶ Bitten Sie den Mitarbeiter relativ zeitnah um eine schriftliche Vorlage seines Zeugnisses mit

   ▶ einer konkreten Beschreibung seiner Arbeitsinhalte und

   ▶ einer Einschätzung seiner Leistungen.

▶▶ Sollten Sie seinen Ausführungen nicht zustimmen können, was vor allem bei der Einschätzung der Leistung gut der Fall sein kann, so müssen Sie das Gespräch mit dem Mitarbeiter suchen.

▶▶ Bringen Sie Sachargumente und Beispiele, die Ihre Einschätzung untermauern.

▶▶ Zeigt sich der Mitarbeiter uneinsichtig, weil sein Selbstbild mit dem Fremdbild nicht übereinstimmt, wäre es gut, wenn Sie auf in der Vergangenheit geführte Mitarbeitergespräche und Gesprächsprotokolle zurückgreifen könnten, die Sie als „Beweis" einbringen können. Ihre abschließende Einschätzung der geleisteten Arbeit des Mitarbeiters muss bereits Thema von Mitarbeitergesprächen gewesen sein.

➤➤ Haben Sie dementsprechende Rückmeldungen versäumt, sollten Sie Ihr Bild dem des Mitarbeiters anpassen, sonst machen Sie sich unglaubwürdig.

➤➤ Weiß der Mitarbeiter um seine Defizite, will sein Zeugnis jedoch verschönert haben, so streben Sie einen Kompromiss an. Versuchen Sie, gemeinsam Formulierungen zu finden, mit denen beide Parteien einverstanden sind.

➤➤ Stellen Sie Arbeitszeugnisse spätestens kurz nach Beendigung des Arbeitsverhältnisses aus: Der Mitarbeiter braucht sie möglicherweise dringend für das nächste Dienstverhältnis.

3. Formulierungshilfe für die Praxis

Auf der Suche nach einem Kompromiss stellen Sie besser Fragen als Monologe zu halten (siehe auch Kapitel I/19: „Gesprächsführung"). Fragen erleichtern den Weg zu einer Lösung, da der Mitarbeiter das Gefühl bekommt, seine Meinung dazu sei gefragt (was de facto von Ihnen auch so gemeint sein sollte):

➤➤ Als Arbeitgeber kann ich Ihre Einschätzung zu X nicht teilen, da ich beobachtet habe, dass … Aber darüber haben wir ja schon mehrmals gesprochen.

➤➤ Wie kommt das bei Ihnen an, wenn ich Ihnen diese Rückmeldung gebe?

➤➤ Wofür brauchen Sie eine „geschönte" Version des Zeugnisses?

➤➤ Denken Sie, dass sich meine Formulierung negativ auf Ihre nächste Arbeitsstelle auswirken wird?

➤➤ Wenn ja, was befürchten Sie?

➤➤ Ich teile Ihre Ansicht nicht, aber vielleicht finden wir eine Formulierung, die auch Ihnen gefällt und trotzdem die Realität widerspiegelt. Können Sie mir einen Vorschlag machen?

III Umgang mit Kunden

Sowohl betriebwirtschaftliche als auch psychologische Forschungsstudien sprechen von einer Wirkungskette zwischen Mitarbeiterzufriedenheit, Kundenzufriedenheit und wirtschaftlichem Erfolg eines Unternehmens. Entsprechend der beschriebenen Reihenfolge wirkt hier ein Faktor direkt oder indirekt auf den nächsten. Eine adäquate Mitarbeiterführung beeinflusst demnach als Teil der Mitarbeiterzufriedenheit die Bindung beziehungsweise Neugewinnung von Kunden und damit Ihren unternehmerischen Erfolg. Anders formuliert: Der Umgang, den Sie mit Ihren Mitarbeitern pflegen, wird sich fortsetzen im Umgang der Mitarbeiter mit Ihren Kunden und sein Ende finden im Erfolg oder Misserfolg Ihres Unternehmens. Aus dieser Betrachtungsweise heraus lassen sich manche Kapitel dieses Buches thematisch nicht strikt zwischen Mitarbeiterführung und Umgang mit Kunden abgrenzen. Der Aspekt des Menschseins auf den verschiedenen Ebenen Unternehmer – Mitarbeiter – Kunde ist grundsätzlich zu berücksichtigen und daher ist vielfach der Umgang mit Mitarbeitern dem mit Kunden gleichzusetzen.

Eine konkrete Unterscheidung der genannten drei Gruppen im Sinne von „Wer funktioniert gut und wer schlecht?" im Wirtschaftskreislauf führt ins Nichts. Erkennbar wird insbesondere die Unterscheidung in Form von Abwertungen wie etwa: „Die Wirtschaft ist schuld, dass zu viele Stellen abgebaut werden!" „Die Mitarbeiter sind schuld, weil sie zu viel Geld für zu wenig Arbeit wollen!" Oder: „Der Kunde ist schuld an der schlechten Wirtschaftslage, weil es an Kaufkraft mangelt." Wir bewegen uns damit in einem Teufelskreis, der nur aufrechterhalten wird, weil zwischen den beschriebenen Ebenen eine Spaltung vorgenommen und dem System als Ganzem wenig Aufmerksamkeit geschenkt wird. Unsere Energie ist in diesem Fall mehr darauf ausgerichtet, einen Schuldigen auszumachen und ihn für sein Tun zu bestrafen, als zu versuchen, alle drei Ebenen als gleichberechtigte „Partner" zusammenzuführen. Erst die Erkenntnis, dass der adäquate Umgang mit Kunden erfolgversprechend ist und damit einen adäquaten Umgang mit Mitarbeitern voraussetzt, weil Mitarbeiter auch gleichzeitig Kunden sind, wird Sie weiterbringen.

48 Der Markt als Bühne – Suchen Sie das Spiel und die Nähe zu Ihren Kunden!

Vor allem Existenzgründer und Unternehmer, die neue Märkte/neue Kunden erobern müssen, tun sich manches Mal schwer mit dem sogenannten „Staubsaugervertretersyndrom". Nichts gegen diesen ehrenwerten Beruf, aber dem Klischee nach schieben Staubsaugervertreter den Fuß schon in Ihre Wohnungstür, da haben Sie die Tür als potenzieller Kunde noch nicht einmal richtig geöffnet. Das Negativbeispiel der genannten Berufsgruppe dringt dadurch massiv in Ihre Privatsphäre ein, „bequatscht" Sie so lange, bis Sie selbst der Überzeugung sind, dass Sie dringend einen neuen Staubsauger brauchen, und Sie haben unterschrieben, noch ehe Sie sich überlegen können, ob Sie das nötige Kleingeld dazu überhaupt haben. In der heutigen Zeit übernehmen diese Rolle mittlerweile Callcenter, die sich in Ihre Telefonleitung einwählen und Sie mit irgendwelchen Billigangeboten mehrmals wöchentlich bedrängen. Nähe zum Kunden wird nicht mehr durch eine reale Person vor Ihrer Tür hergestellt, sondern durch aufdringliche Telefonanrufe oder auch durch einen kostenlosen Zustellservice, der Ihnen das Produkt sozusagen ins Schlafzimmer liefert.

Grundsätzlich besitzen klassische Vertreter – unabhängig von der Branche – Fähigkeiten, die Sie in der einen oder anderen Form benötigen, wenn Sie auf dem Markt ein „Neuling" sind oder sich auf dem Markt neu orientieren wollen beziehungsweise müssen:

▸ Vertreter haben keine Scheu, in die Privatsphäre von Menschen einzudringen.

  Im Gegenteil: Es scheint ihnen geradezu Freude und Lust zu bereiten, sich in Ihrer Wohnung aufzuhalten oder auch auf Ihrer Wohnzimmercouch niederzulassen!

▸ Sie scheuen keine Mühe: Abgeklappert wird, was Hoffnung verspricht.

  Was viele versuchen zu umgehen, ist das tägliche Brot eines Vertreters. Nur durch Penetranz und immer wieder Nachhaken kommt man zum Erfolg.

▸ Sie besitzen eine ausgeprägte Verkäufermentalität.

  Gute Verkäufer sind auch in der Lage, durch ihre Überzeugungskraft Dinge an den Mann/die Frau zu bringen, die entweder nichts wert sind oder die im Moment keiner haben will!

▸ Sie lassen sich durch Rückschläge, sprich Absagen, auch nicht verwirren.

  Scheinbare Rückschläge spornen sie noch mehr an: Was andere demotiviert, treibt sie zu Höchstleistungen!

▸ Verkaufen wird als Spiel betrachtet.

  Nicht das Ziel ist das Ziel, sondern der Weg ist das Ziel!

Meine Empfehlung

Machen Sie es wie der Staubsaugervertreter: Stellen Sie räumliche und emotionale Nähe zu Ihren Kunden her, indem Sie nicht warten, bis der Kunde zu Ihnen kommt, sondern sich überlegen, wie Sie zum Kunden kommen. Und geben Sie Ihrer Lust am Verkaufen eines Produktes oder am Beraten etwas mehr Raum, als die Gründungsphase oder wirtschaftlich schlechte Zeiten Ihnen eigentlich erlauben! Finden Sie heraus, welchen Knopf Sie beim Kunden drücken müssen, damit Sie Erfolg haben!

1. Psychologischer Background

Emotionale Nähe zu Menschen stellen Sie dann her, wenn Sie es als Verkäufer/Dienstleister schaffen, durch Worte, Stimme, Tonfall, Gestik, Mimik und durch Ihre gesamte Ausstrahlung Ihr Gegenüber so anzurühren und betroffen zu machen, dass sich daraus ein Beziehungsgeschehen entwickelt. Im obigen Fall führt dieses zu Verkaufs- oder Vertragsabschlüssen. In den heutigen Hightech-Zeiten kann Nähe auch dadurch hergestellt werden, dass eine vielfältige Produktpalette meist auch noch kostenfrei den Kunden ins Haus geliefert wird. Haben sie sich vor Jahren noch von ihrer Couch wegbewegen müssen, so können sie heute per Knopfdruck alles geliefert bekommen, was ihr Herz begehrt. Räumliche und emotionale Nähe werden hier aufgrund der Tatsache aufgebaut, dass Kunden sich lieber der Bequemlichkeit hingeben als der Eigenbewegung, ohne dabei auf etwas verzichten zu müssen! Und das wiederum begeistert sie so, dass Online-Shops zu ihren Lieblingsfirmen werden!

2. Anleitung für die Praxis

Sicher haben Sie die gängigen Werbemaßnahmen wie Annoncen, Flyer, Handzettel, Beilagen in Zeitungen, Postwurfsendungen, Plakataktionen oder auch TV- und Radio-Spots in Ihrer Firma ausprobiert. Ich würde Sie daher gern anhand einiger Fragen auf einen Perspektivenwechsel einstimmen, der dazu dienen sollte herauszufinden, wie Sie Kunden dort abholen können, wo diese sich befinden. Bisher haben Sie in Ihren Räumlichkeiten darauf gewartet, dass Kunden aufgrund Ihres Marketings zu Ihnen kommen. Nun gilt es zu überlegen:

▸ Wo finden Sie Ihre Zielgruppe? Abhängig vom Produkt oder der Dienstleistung, die Sie anbieten, müssen Sie in die Nähe Ihrer Kunden kommen! Definieren Sie, wo sich Ihre Kunden beruflich und privat aufhalten könnten (zum Beispiel Firmen, Vereine, Verbände, Kammern, Organe des Gesundheitswesens …)! Definieren Sie Ihre Zielgruppe nach den Faktoren:

▸ Wer hat großes Interesse an Ihrem Produkt/Ihrer Dienstleistung?

▸ Wer könnte großes Interesse daran haben, dass Ihre Zielgruppe Ihr Produkt/Ihre Dienstleistung in Anspruch nimmt? Die Zielgruppe ist hier nicht der eigentliche Kunde, sondern ein Vermittler!

▸▸ Verbinden Sie nun die Zielgruppe mit den Orten, an denen Sie Ihre Kunden vermuten.

▸▸ Auf welchem Weg schaffen Sie es nun zu den Orten, an denen Sie Ihre Zielgruppe vermuten?

▸▸ Machen Sie sich mit verantwortlichen Personen, Geschäftsführern, Koordinatoren und so weiter bekannt. Stellen Sie sich persönlich vor und formulieren Sie Ihr Anliegen.

▸▸ Versuchen Sie, für sich herauszufinden, wie hoch der Gewinn für Ihr Gegenüber sein könnte, wenn es Sie dabei unterstützt, in Kontakt mit der eigentlichen Zielgruppe zu kommen. Denken Sie daran: Ihr Gegenüber wird Sie nur dann wirklich effektiv unterstützen, wenn es einen Gewinn daraus zieht.

▸▸ Laden Sie Ihr Gegenüber ein, gemeinsam zu überlegen, wie Sie Nähe und damit Kontakte zur Zielgruppe herstellen können. Ihr Gegenüber kennt seine „Schäfchen" schließlich am besten und hat seine Erfahrungen gemacht.

▸▸ Sie selbst sollten in dieser Situation jedoch bereits ein Repertoire an Werbemaßnahmen haben, das es Ihnen erlaubt, konkrete Vorschläge zu machen.

▸▸ Kreieren Sie daher im Vorfeld ein Werbemaßnahmenpaket (zum Beispiel Vorträge in den Unternehmen/Vereinen/Verbänden, Tag der offenen Tür in Ihrem Unternehmen, bestimmte Zeiten für eine ganz bestimmte Zielgruppe, Vorführung von bestimmten Produkten, Einladung zu …, Gruppenrabatte, eine monatliche Rubrik in der Firmenzeitung …).

▸▸ Machen Sie für diese Konzeption ein Brainstorming mit Ihren Mitarbeitern.

▸▸ Achten Sie bitte darauf, dass Sie sich von Ihrem Gegenüber nicht mit Versprechungen hinhalten lassen, ohne in direkten Kontakt mit den Kunden gekommen zu sein. Sie wissen nicht, welche der getroffenen Vereinbarungen Ihr Gegenüber einhalten wird.
(Einen Vermerk auf dem Schwarzen Brett mit dem Hinweis auf Ihr Angebot liest möglicherweise niemand.)

▸▸ Pflegen Sie auch nach den stattgefundenen Aktionen Kontakte zu Ihrem Gegenüber. Sie müssen sich selbst und Ihr Unternehmen immer wieder ins Gespräch bringen.
Networking heißt die Zauberformel!

➧ Diese Strategie ist natürlich für manche Produkte oder Dienstleistungen nur schwer anwendbar. In diesem Fall stellen Sie Überlegungen an, wie Sie via Internet eine Nähe zwischen Ihrem Angebot und den Kunden herstellen können. (Verschicken Sie zum Beispiel beim Anklicken Ihrer Webseite automatisch einen Fragebogen an potenzielle Kunden, ob sie nähere Informationen über Ihr Unternehmen und die Produktpalette haben wollen ...)

3. Wichtig!

Seien Sie sich jedoch dessen bewusst, dass die beste Marketingstrategie die der Empfehlung ist, und die ist wiederum abhängig von der Güte Ihrer geleisteten Arbeit!

49 Faires Marketing – Vermarkten Sie nur Produkte, die Sie auch haben!

Sie haben sicher als Kunde schon selbst die Erfahrung gemacht, dass ein Produkt in der Realität anders aussieht, als es in der Werbung dargestellt wurde; die Qualität Ihres teuren neuen Autos lässt zu wünschen übrig, der versprochene Service wird nicht eingehalten und die angeblich ständige telefonische Erreichbarkeit ist ein Märchen. Sie fühlen sich „veräppelt", weil das Bild, das in den Medien vom Produkt gezeichnet wurde, nicht mit der Realität übereinstimmt.

Als Kunde sind Sie verärgert und frustriert. In Ihrem Beschwerdebrief wollen Sie das Produkt entweder auf Garantie repariert haben oder gleich Ihr Geld zurück. Noch sind Sie höflich und geduldig und halten Ihre Aggressionen unter Kontrolle. Entspricht die Reaktion Ihres Gegenübers nicht Ihren Erwartungen, kommt es früher oder später zur Konfrontation mit ungewissem Ausgang im Hinblick auf die Qualitätsverbesserung beziehungsweise den Umtausch Ihres schadhaften Produkts. Am Ende wenden Sie sich mit weiteren Kaufabsichten einem anderen Unternehmen zu, denn aus Schaden werden Sie klug!

Was ist passiert? Häufig werden Produkte und Dienstleistungen seitens der Firmen durch geeignete Marketingstrategien geschönt, anders dargestellt und mit Werten versehen, die gar nicht vorhanden sind. Ziel dieser Strategien ist zunächst, Kunden nach dem Motto „bigger, better, faster, more" anzulocken! Aber das Spannungsdreieck hohe Qualität, guter Service und niedriger Preis in Bezug auf ein Produkt oder eine Dienstleistung lässt sich unter den gegebenen wirtschaftlichen Rahmenbedingungen kaum verwirklichen. Da wir

Menschen aber geneigt sind, alles zu wollen, versuchen Unternehmen manchmal, durch Scheinmanöver alle Bedürfnisse Ihrer Kunden zu befriedigen, wodurch am Ende nur Enttäuschung produziert wird.

Meine Empfehlung

Das Spannungsdreieck gute Qualität, guter Service und niedriger Preis lässt sich kaum in einem Produkt oder einer Dienstleistung verwirklichen. Sie müssen sich sowohl als Unternehmer als auch als Kunde entscheiden, welchem Bedürfnis Sie Rechnung tragen wollen. Wenn Sie als Kunde aus wirtschaftlichen Gegebenheiten Abstriche beim Preis machen müssen, sind Sie eher bereit, auf gute Qualität und guten Service zu verzichten; oder andersherum: Können Sie viel zahlen, wollen Sie auch viel für Ihr Geld! Erfolgreiche Unternehmen entscheiden sich jeweils für eine Seite des Dreiecks: Es wird geworben mit dem niedrigen Preis oder der guten Qualität, die dann allerdings auch kostet!

1. Psychologischer Background

Menschen unter Druck neigen dazu, Dinge sich selbst und vor allem der Außenwelt gegenüber anders darzustellen, als die Realität es eigentlich zulassen würde. Ein starker wirtschaftlicher Druck mit gravierenden Folgen für die eigene unternehmerische Existenz, eine unersättliche Gier mancher Menschen nach Macht und Geld und niedrige moralische Wertmaßstäbe lassen aus dem Sein oftmals einen Schein werden. Dem zugrunde liegen teilweise Persönlichkeiten, die sich selbst und ihr Produkt grenzenlos überschätzen und sich jedem klaren Blick auf die von ihnen angebotene Leistung verweigern. Die Selbsttäuschung und damit auch Täuschung des Gegenübers lässt sich jedoch nur so lange aufrechterhalten, bis der Kunde durch konkrete Erfahrungen aus der Trance erwacht. Und dann gehen die Umsatzzahlen aus für das Unternehmen nicht nachvollziehbaren Gründen zurück.

2. Anleitung zur Selbstreflexion

Sollten Sie selbst dazu tendieren, Ihr Produkt/Ihre Leistung etwas „aufzupeppen" beziehungsweise anders darzustellen, als sie sind, um einen Verkauf zu garantieren oder die Gewinne zu erhöhen, würde ich Ihnen gerne einige Fragen zur Selbstreflexion mit dem Ziel einer größeren Übereinstimmung zwischen der Realität und den Werbemaßnahmen an die Hand geben:

▸▸ Versetzen Sie sich in die Rolle des Kunden und überlegen Sie, ob Sie Ihr eigenes Produkt/Ihre eigene Dienstleistung selbst kaufen beziehungsweise in Anspruch nehmen würden. Wenn nicht, warum nicht?

» Was müsste sich am Produkt/an der Leistung verändern/verbessern, damit Sie es kaufen?

» Was hat Sie bisher davon abgehalten, an der Verbesserung zu arbeiten?

» Welches ist Ihr Motiv, die Dinge „etwas anders" darzustellen, als sie in Wirklichkeit sind?

» Was veranlasst Sie zu dem Glauben, dass Kunden auf Dauer eine Leistung in Anspruch nehmen oder ein Produkt kaufen, das nicht dem Inhalt Ihres Marketings entspricht?

» Welche Konsequenzen, denken Sie, werden Kunden ziehen, wenn sie merken, dass das Produkt/die Leistung nicht das hält, was es/sie verspricht?

» Wenn Sie Ihr Produkt/Ihre Leistung realitätsnah skizzieren, was ist nach einer Veränderung /Verbesserung für den Kunden interessant daran?

» Aus den Faktoren, die sich durch diese Frage ergeben, sollten Sie Ihre Werbestrategie aufbauen!

3. Wichtig!

Für ein Unternehmen ist es nicht wirklich relevant, dass ein Produkt alle Wünsche von Kunden zum Beispiel nach einem niedrigen Preis, einer hervorragenden Qualität, tollem Service und so weiter befriedigt. Vielmehr geht es darum, dass das, was angeboten wird, deckungsgleich mit dem ist, was dem Kunden versprochen wird. Denn ein Versprechen, das die sprichwörtliche „Eier legende Wollmilchsau" in Aussicht stellt, kann niemals eingehalten werden, weil diese schlichtweg nicht existiert. Werben Sie also mit dem, was Sie haben, und nicht damit, was Sie nicht haben und auch nie haben werden!

50 Der erste Eindruck – Wie wirken Ihre Mitarbeiter?

Haben Sie sich schon einmal Gedanken darüber gemacht, wie Sie als Unternehmen Ihre Kunden empfangen? Wissen Sie, wie Ihre Assistentin beziehungsweise Ihre Mitarbeiter am Empfang Kunden begrüßen? Fragen Sie sich:

» Verhalten sich Ihre Mitarbeiter im Erstkontakt, der telefonisch oder persönlich stattfinden kann, dem Kunden gegenüber höflich und zuvorkommend?

» Gehen Ihre Mitarbeiter auf Kundenwünsche ein, indem sie versuchen, präzise auf gestellte Fragen zu antworten?

» Hängen Ihre Kunden stundenlang in der Telefonwarteschleife, ehe ihr Anruf von einem kompetenten Mitarbeiter entgegengenommen wird?

❯❯ Sind Ihre Mitarbeiter in der Lage, sich an Kunden und deren Anliegen wieder zu erinnern und sie dann auch mit ihrem Namen anzusprechen?

❯❯ Herrscht besonders am Empfang ein adäquater Bekleidungsstil vor?

Bei genauerer Betrachtung haben Sie möglicherweise tatsächlich wenig Ahnung davon, wie sich Ihre Mitarbeiter im Erstkontakt (und natürlich auch bei jedem weiteren Kontakt) verhalten.

Die Realität zeigt, dass gerade scheinbare Nebensächlichkeiten, zum Beispiel von einer gestressten und schlecht gelaunten Empfangsdame unhöflich begrüßt zu werden oder besonders in heißen Sommermonaten kein Getränk angeboten zu bekommen, einen potenziellen Kunden schon von Anfang an in eine schlechte Stimmung versetzen. Bis zu diesem Zeitpunkt sind Sie mit ihm noch gar nicht ins Gespräch und zum eigentlichen Anliegen gekommen. Ihr möglicher Auftraggeber hat aber bereits einen ersten – in diesem Falle negativen – Eindruck von Ihrem Unternehmen. Der Kunde fühlt sich hier nicht respektvoll behandelt, was Einfluss auf jede weitere Verhandlung haben kann. Auf dieser Grundlage beginnen nun die eigentlichen Gespräche. Wollen Sie den Auftrag haben, müssen Sie sich nun mehr anstrengen, als wenn der Erstkontakt wunderbar verlaufen wäre und der Kunde Zufriedenheit empfunden hätte, noch ehe er Ihr Büro betritt.

Meine Empfehlung

Der erste Eindruck eines Unternehmens hinterlässt bei Kunden ein positiv beziehungsweise negativ besetztes Bild, das auf einer unbewussten Ebene maßgeblich das Zustandekommen von Vertragsabschlüssen beeinflussen kann. Sie und Ihre Mitarbeiter können diesen Eindruck prägen!

1. Psychologischer Background

Wir Menschen machen uns in den ersten Sekunden eines Kontaktes ein Bild von unserem Gegenüber, das im Moment des Erlebens jedoch noch keiner genauen Reflexion unterzogen wird. Vielmehr ist es ein kurzes Aufflackern einer Gefühlsregung, die von angenehm bis total angewidert reichen kann. Aber ist der Zug erst einmal in die falsche Richtung gefahren, weil der Gesprächspartner etwas gesagt, getan oder nicht getan hat, das bei uns einen bestimmten Eindruck hinterlassen hat, kann er diesen im Nachhinein nur schwer wieder revidieren, denn diese Gefühle veranlassen uns, in Bruchteilen von Sekunden ein Urteil über den anderen zu treffen, das unwiderruflich erscheint. Wir haben ihn bereits in eine Schublade von Vorurteilen und konkreten Erfahrungen mit ähnlichen Menschen gesteckt und können nur selten dazu bewegt werden, ihn wieder aus der Lade herauszuziehen (siehe auch Kapitel II/42: „Umgang mit Störungen").

2. Anleitung zur Praxis

Der Ruf Ihres Unternehmens wird also maßgeblich durch das erste Bild, das Sie nach außen abgeben, kreiert. Damit üben Sie einen großen Einfluss darauf aus, wie Ihr Ruf in der Branche aussehen soll. Ich biete Ihnen hier einige Fragen an, anhand deren Sie für sich reflektieren können, wie Sie Ihre Schwerpunke setzen wollen:

» Was könnte außer dem Produkt beziehungsweise der Dienstleistung, das/die Sie verkaufen oder anbieten, Ihr Markenzeichen sein, das man sofort auf den ersten Blick erkennen kann (zum Beispiel besonders höfliche Mitarbeiter zu haben, besonders schnell und zuverlässig in der Bearbeitung von Anfragen zu sein oder einen besonders guten Kaffee anbieten zu können)?

» Was ist Ihnen persönlich besonders wichtig (zum Beispiel hervorragend gekleidete Mitarbeiter...)? Beantworten Sie diese Frage im Zusammenhang mit der Wertigkeit, die Sie selbst Dingen zuschreiben!

» Kreieren Sie sozusagen neben Ihrer eigentlichen Marke eine zusätzliche Marke, die nicht unbedingt in direktem Zusammenhang mit dem Produkt/der Dienstleistung stehen muss und Ihre Firmenphilosophie noch unterstreicht! Sie schaffen damit das Sahnehäubchen für Ihren bereits guten Kaffee. (Zum Beispiel: Als Bank kümmern wir uns gerade um die nicht einkommensstarken Kundenkreise wie Senioren, Frauen, Jugendliche ...)

» Werben Sie mit Ihrem Sahnehäubchen mindestens so intensiv wie mit Ihrer eigentlichen Marke! (Besonders gut gekleidete Mitarbeiter vermitteln zum Beispiel einen Hauch von Seriosität, was bei Vertragsabschlüssen sehr von Vorteil sein kann.)

3. Wichtig!

Manchmal sind es nicht die Produkte/Dienstleistungen, sondern die Nebeneffekte, die uns veranlassen, etwas Bestimmtes in einem bestimmten Unternehmen zu kaufen beziehungsweise in Anspruch zu nehmen. Denken Sie an das Beispiel: Parkplätze vor der Tür eines Innenstadt-Geschäfts haben nichts mit dem eigentlichen Produkt/der eigentlichen Dienstleistung zu tun, mögen aber den Ausschlag geben, dass mancher Kunde gerade dort einen Flachbildschirm kauft, der einige Kilo wiegt.

51 Einhaltung von Hierarchien – Verhandeln Sie nicht mit Führungskräften zweiter oder dritter Ebene

Sie wollen mit einer bestimmten Firma in Kontakt treten, weil Sie die Hoffnung auf gute und erfolgreiche Geschäfte haben. Der erste Telefonkontakt hat sich jedoch als etwas schwierig herausgestellt, da der Firmeninhaber, Ihr Ansprechpartner, oft im Ausland unterwegs ist. Ungeduldig, wie Sie sind, haben Sie sich schließlich einen Termin mit dem Geschäftsführer geben lassen, der Ihnen dann auch nach einer schriftlichen Vorlage und mehrmaligen mündlichen Verhandlungen große Hoffnungen auf einen erfolgreichen Geschäftsabschluss gemacht hat. Seither ist nichts passiert. Sie befinden sich in der Position des Wartenden, die vereinbarte Frist für die konkrete Rückmeldung ist mittlerweile verstrichen. Ihre Ungeduld lässt Sie wieder zum Telefonhörer greifen und Sie landen wieder beim Geschäftsführer, der Ihnen mitteilt, dass Sie leider doch nicht den Zuschlag erhalten haben. Die von Ihnen eingeforderte Begründung klingt etwas diffus; zwischen seinen Aussagen meinen Sie herauszuhören zu können, dass der Firmeninhaber auf bereits bekannte Kontakte zurückgegriffen hat.

Was ist passiert? Möglicherweise hat Ihre Ungeduld Sie daran gehindert abzuwarten, bis Sie den eigentlichen Entscheidungsträger, den Firmeninhaber, treffen konnten. Zudem haben Sie sich zu schnell vom Geschäftsführer und dessen Andeutungen so einwickeln lassen, dass Sie nicht auf die Idee gekommen sind, dass dieser gar keine Entscheidungskompetenz besitzt! Der Geschäftsführer hat zwar – wie der Name schon sagt – formal geschäftsführende Aufgaben, untersteht jedoch in der Hierarchie in Bezug auf seine Entscheidungsvollmacht auch einem Chef, nämlich dem Inhaber des Unternehmens, der in dieser Angelegenheit zugunsten bereits bestehender Kontakte gegen Sie entschieden hat, ohne Sie beziehungsweise Ihr Unternehmen zu kennen. Sie haben sich somit selbst durch die Nicht-Beachtung der Hierarchie um die zumindest theoretische Chance eines guten Geschäfts gebracht!

Meine Empfehlung

Auftraggeber und daher Ansprechpartner für Vertragsabschlüsse ist immer der tatsächliche Entscheidungsträger eines Unternehmens – selbst dann, wenn dieser die Verhandlungen an einen Stellvertreter oder Geschäftsführer delegiert. In letzter Konsequenz wird er sich die Entscheidung für die Vergabe vorbehalten. Klären Sie daher im Vorfeld, welche Rolle Ihr Ansprechpartner einnimmt, und bestehen Sie auf einem direkten Kontakt zum/zur Chef/Chefin.

1. Psychologischer Background

Wenn Sie mit Unternehmen, das heißt mit speziellen Systemen, in Kontakt kommen und abhängig sind von den Entscheidungen, die innerhalb dieser Systeme getroffen werden, so ist es unabdingbar, dass Sie zumindest in den leitenden Ebenen um die Funktionen und Kompetenzen der Mitarbeiter wissen. Systeme folgen aufgrund der Unternehmenskultur und bestimmter Persönlichkeitsmerkmale ihrer Mitglieder speziellen Spielregeln, die Sie ungefähr durchblicken sollten, wenn Sie sich erfolgreiche Geschäfte versprechen. Um beim genannten Beispiel zu bleiben: Es kann sein, dass der Geschäftsinhaber die Rolle der „grauen Eminenz" im Hintergrund einnimmt. Nach außen hin wird er durch einen kompetenten Geschäftsführer vertreten, der jedoch im Innenverhältnis nur beratende Funktion ausübt, weil auf dem eigentlichen Thron, der nach außen so nicht zu erkennen ist, der wahre König sitzt. Und ihm müssen Sie Ihre Aufwartung machen! Allerdings müssen Sie damit rechnen, dass Sie nicht sofort in den Thronsaal vorgelassen werden. Die wahre Macht mancher Könige besteht darin, die Audienz zu verweigern!

2. Anleitung für die Praxis

Versuchen Sie zu klären, wer die eigentliche Entscheidungsvollmacht im Unternehmen innehat. Für Außenstehende ist dies nicht immer sofort klar erkennbar und manches Mal auch im Innenverhältnis ungeklärt. Vor allem Familienbetriebe und Firmenzusammenschlüsse mit mehreren Geschäftsführern „kranken" an dieser Tatsache. Folgende Anregungen können bei der Klärung hilfreich sein:

» Verlangen Sie beim ersten telefonischen Kontakt mit der Sekretärin den Entscheidungsträger. Stellen Sie nicht die Frage: „Wer könnte mir bei Ihnen weiterhelfen?", sondern: „Wer entscheidet bei Ihnen?"

» Lassen Sie sich bei der ersten Vertragsverhandlung von den teilnehmenden Personen erklären, welche Positionen diese im Unternehmen einnehmen.

» Bestehen Sie am Beginn der Verhandlungen darauf, dass die Gespräche im Beisein des Entscheidungsträgers stattfinden, auch wenn andere Personen mit der Gesprächsführung beauftragt wurden.

» Erfragen Sie ebenfalls, wer in dieser Runde die Entscheidung für einen Vertragsabschluss trifft.

» Versuchen Sie bei Verhandlungsbeginn zu klären, wie der Kommunikationsfluss zwischen Ihnen und dem Entscheidungsträger laufen soll, wenn dieser bis zum Vertragsabschluss und während der Erfüllung des Vertrags für Sie nicht greifbar ist.

➠ Sollten Sie nach mehrmaligen Klärungsversuchen feststellen, dass nichts eindeutig geregelt geworden ist, suchen Sie sich lieber einen anderen Geschäftspartner. Die Verwirrspiele werden sonst auch nach den Vertragsabschlüssen nicht aufhören. Probleme im Nachhinein sind programmiert.

3. Wichtig!

Unklarheiten von Funktionen und Rollen der Mitarbeiter eines Unternehmens haben ihren Sinn – auch wenn dieser zweifelhaft und daher zu hinterfragen ist. Sie sind nicht das zufällige Produkt eines Systems, sondern das Ergebnis unterschiedlicher, meist divergierender Ziele, die vor allem leitende Mitarbeiter verfolgen, sowie bestimmter Charaktereigenschaften, die hier besonders zum Tragen kommen.

52 Umgang mit Macht und Ohnmacht – Wechseln Sie die Ebenen

Als Eigentümer/Geschäftsführer eines Unternehmens sind Sie in den Augen Ihrer Mitarbeiter, Kunden, Freunde und Bekannten aufgrund Ihrer Funktion eine mächtige Person. Zunächst definiert sich Ihr Nimbus dadurch, dass Sie ein vermeintlich hohes Einkommen haben – unabhängig davon, ob dies der Realität entspricht oder nicht. Dann verfügen Sie, aus dem Blickwinkel Ihrer Mitarbeiter betrachtet, über Entscheidungsgewalt, die von der Größe ihrer Büros bis zur Kündigung ihres Arbeitsplatzes reichen kann. Aus Kundenperspektive gesehen sind Sie durch Ihr Produkt oder Ihre Dienstleistung für sie wichtig, weil Sie in der Lage sind, Bedürfnisse zu befriedigen. Durch den Verkauf eines Luxusautos stillen Sie zum Beispiel das Bedürfnis nach einem schicken Auto, nach einem Statussymbol, nach einem besonderen Wohlgefühl! Das heißt, Ihr Gegenüber ist in gewisser Weise abhängig von den Entscheidungen, die Sie als Unternehmer auf den Ebenen Mitarbeiter und Kunden treffen. Allerdings fällt der Grad der Abhängigkeit dabei unterschiedlich aus:

➠ *Unzufriedene Kunden suchen sich einen anderen Autohändler!*

➠ *Unzufriedene Mitarbeiter überlegen sich aufgrund der derzeitigen Arbeitsplatzsituation, ob sie überhaupt eine andere Arbeitsstelle finden können, was sie von Ihnen ziemlich abhängig macht!*

Sie glauben, dass der Mitarbeiter Sie mehr braucht als Sie ihn und Sie den Kunden mehr brauchen als er Sie. Möglicherweise fühlen Sie sich gegenüber dem Mitarbeiter in einer mächtigen Position, dem Kunden gegenüber empfinden Sie aber oftmals Hilflosigkeit und Ohnmacht, da Sie wissen, dass ein unzufriedener Kunde zur Konkurrenz abwandert. Das zeigt eine Ambivalenz in Ihrer Haltung, die dazu führt, dass Sie eine gedankliche und emotionale Trennung vollziehen im Umgang mit Mitarbeitern und Kunden. Den Mitarbeitern gegenüber verhalten Sie sich dominant, autoritär, den Kunden gegenüber unterwürfig. Autoritärer Führungsstil bewirkt jedoch keine bessere Arbeitsleistung bei den Mitarbeitern, sondern löst Angst aus, was einen negativen Einfluss auf die Arbeitsleistung und Arbeitszufriedenheit hat. Und Gefühle der Ohnmacht helfen Ihnen nicht dabei, Ihre Kunden zu behalten!

Meine Empfehlung

Denken Sie sich in eine der Situation angemessene Bedürfnislage sowohl Ihrer Kunden als auch Mitarbeiter hinein (= Empathie), ohne Ihre Unternehmensziele zu vergessen. Wünschenswert wäre ein Wechsel der Ebenen Unternehmer – Kunde – Mitarbeiter. Geben Sie Ihre Machtposition beizeiten auf, dienen Sie Ihren Mitarbeitern und bedienen Sie Ihre Kunden, um dann wieder in Ihre Rolle als Entscheidungsträger zurückzukehren. Vergessen Sie in diesem Prozess nicht, dass Sie der Chef sind und sich auch weiterhin die Entscheidungsvollmacht vorbehalten.

---

1. Psychologischer Background

In der Regel verbinden wir den Begriff „Empathie" mit Berufsgruppen, die dem Non-Profit-Bereich zugeordnet werden, weil wir meinen, dass es dort ausschließlich darum geht, sich in die Bedürfnislage der Klienten einzufühlen, um durch Verständnis eine Art von Heilung oder zumindest Linderung des Zustandes herbeizuführen. Deren Arbeit unterscheidet sich jedoch nicht wesentlich von den Berufsgruppen des Profit-Bereichs, in dem das Ziel zwar nicht in der Genesung liegt, die Fähigkeit, sich in die Bedürfnisse von Mitarbeitern und Kunden einzufühlen, hier jedoch genauso gefordert ist. Besitzen Sie keine Kenntnis von Kundenwünschen, weil Sie sich nicht in ihre Lage versetzen wollen, und prodzieren oder beraten Sie an deren Bedürfnissen vorbei, wirkt sich das früher oder später auf den Unternehmensgewinn aus.

2. Anleitung für die Praxis

Die Bedürfnislage von Mitarbeitern und Kunden können Sie leicht durch Zuhören, Beobachten und Erfragen feststellen. Viel schwieriger ist es jedoch, von seiner eigenen Bedürfnislage abzusehen und sich ganz auf ein Gegenüber einzulassen. Vielfach ist dies auch mit Berührungsängsten verbunden, zum Beispiel mit Unwissenheit über das Wie, oder auch mit einem eigenen

Widerstand, der uns daran hindert, auf andere zuzugehen. Dieser liegt häufig darin begründet, dass wir durch ein Gegenüber auf eigene ungestillte Bedürfnisse aufmerksam gemacht werden, die wir an uns selbst nicht wahrnehmen wollen.

Wenn Sie es nicht gewohnt sind, sich in andere hineinzudenken und/oder hineinzuspüren, üben Sie Folgendes:

- Stellen Sie sich einen Kunden oder Mitarbeiter vor! Was will dieser Mensch von Ihnen?
- Hören Sie genau zu und erfassen Sie seine Situation oder Problemlage!
- Überlegen Sie sich jetzt, wie Sie sich an seiner Stelle fühlen würden!
- Was würden Sie sich an seiner Stelle als Reaktion von Ihnen wünschen?
- Nicht immer sind alle Wünsche und Bedürfnisse erfüllbar, aber das Verständnis dafür, das Sie bei einem empathischen Verhalten entwickeln, reicht oftmals aus, um Zufriedenheit beim Gegenüber herzustellen – vorausgesetzt, Sie machen dies auch deutlich!
- Vergessen Sie nicht Ihre eigenen Ziele als Arbeitgeber!

3. Formulierungshilfe für die Praxis

Empathisches Verhalten gegenüber Kunden und Mitarbeitern zeigen Sie durch einige wenige, aber wirkungsvolle Sätze, zum Beispiel:

- Was kann ich für Sie tun?
- Erklären Sie mir ganz genau den Inhalt Ihrer Frage.
- Wenn ich Sie richtig verstanden habe, dann …
- Korrigieren Sie mich, wenn ich Ihre Aussagen falsch interpretiere!
- Ich kann verstehen, dass …, weil …
- Ich sehe Ihr Problem, kann aber nichts für Sie tun, weil …
- Ich an Ihrer Stelle wäre auch verärgert!
- Wenn ich Ihnen nicht helfen kann, vielleicht wäre das … eine Lösung …
- Haben Sie schon … ausprobiert?
- Es tut mir leid, dass ich Ihnen nicht helfen kann!

4. Wichtig!

Empathisches Verhalten zeigen Sie dann, wenn Sie die Bedürfnisse Ihres Gegenübers wahrnehmen, im Rahmen des Machbaren erfüllen und gleichzeitig Ihre eigenen Bedürfnisse und die des Unternehmens nicht aus den Augen verlieren.

53 Auftragsklärung – Wissen Sie wirklich, wie der Inhalt des Auftrags lautet?

Beispiel: Sie sind erleichtert darüber, dass Sie einen neuen Kunden gewonnen haben, und die Erfüllung des Auftrags scheint für Sie kein Problem darzustellen. Sie wissen, was Sie zu tun haben, welche Mitarbeiter Sie wann einsetzen werden, welche Zeitplanung sinnvoll ist und welche Schwerpunkte Sie setzen werden. Der Beginn der Beratung läuft zu Ihrer Überraschung fast reibungslos – bis zu dem Zeitpunkt, an dem Sie merken, dass Ihr Kunde anfängt, Kleinigkeiten zu monieren. Die Arbeitszeiten der Berater waren anders vereinbart, der Mitarbeiter X arbeite zu langsam; in Bezug auf Inhalt Y hätte er andere Vorstellungen …. Anfangs ignorieren Sie die Anmerkungen Ihres Kunden, bis sich ein komisches Gefühl bei Ihnen einschleicht. Sie beginnen sich zu ärgern und versuchen, jeden persönlichen Kontakt zu Ihrem Kunden zu meiden, denn schließlich können Sie sich immer noch auf den Auftrag berufen, in dem Sie alles schriftlich vereinbart haben. *Die beinahe feindlichen Anmerkungen des Kunden sind somit völlig irrelevant* – meinen Sie.

Was ist passiert? Der von beiden Parteien unterzeichnete Vertrag beinhaltet möglicherweise zwar klare Vereinbarungen, ist er aber auch so detailliert beschrieben, dass für beide Seiten kein Ermessenspielraum gegeben ist. Haben Sie in dem oben beschriebenen Beispiel Folgendes genau geklärt?

▸▸ Wie lautet der genaue Inhalt der Beratung?

▸▸ Wie viel Zeit dürfen Ihre Mitarbeiter für welche Arbeitsschritte brauchen?

▸▸ Wann sollen Ihre Berater im Unternehmen anwesend sein?

▸▸ Was ist zu tun, wenn sich herausstellen sollte, dass zu den vereinbarten Inhalten neue dazukommen oder Ziele abgeändert werden müssen?

▸▸ Wie wird damit umgegangen, wenn der vereinbarte Budgetrahmen nicht eingehalten werden kann …?

Die Liste von ungeklärten Fragen lässt sich beliebig fortsetzen und kann, wenn es in einem bereits begonnenen Projekt zu keiner Klärung kommt, eine massive Konfliktsituation auslösen, die im Rückzug eines Vertragspartners enden kann.

Meine Empfehlung

Gestalten Sie eine Auftragsklärung so detailliert wie möglich und fixieren Sie diese immer schriftlich. Sollten Sie dies versäumt haben oder der Kunde plötzlich andere Vorstellungen als vereinbart äußern, klären Sie Ihren (neuen) Auftrag nach Projektbeginn. Suchen Sie mit dem Kunden stets eine offene Kommunikation, um Konflikte zu vermeiden! Rückzug ist kein adäquater Umgang mit dieser Problematik.

1. Psychologischer Background

Grundsätzlich ist davon auszugehen, dass jene Dinge, die für Sie klar sind, für Ihr Gegenüber noch lange nicht klar sein müssen. Eine gelungene Kommunikation (unabhängig davon, ob schriftlich oder mündlich) besteht dann, wenn zwei Gesprächspartner unter demselben Thema das Gleiche verstehen. Dennoch neigen Menschen dazu, Gehörtes, Gesehenes und Gefühltes so zu interpretieren, dass es in ihr individuelles Bild von der Welt und den Menschen passt. Und wenn ihre Sinneswahrnehmungen nicht einer konkreten Überprüfung unterzogen werden, indem sie nachfragen, ob sie das alles auch richtig verstanden haben, kann dies zu Missverständnissen und letztendlich zu Konflikten führen, die Sie als Unternehmer um Geschäfte bringen können. Also gilt es nachzufragen und zu klären.

2. Anleitung für die Praxis

Ich möchte Ihnen an dieser Stelle eine Checkliste an die Hand geben, die Ihnen bei Vertragsabschlüssen helfen soll, Fallen zu umgehen, indem Sie frühzeitig Warnsignale wahrnehmen:

▶ Ist der Vertrag so gestaltet, dass Sie, ohne viel rückfragen zu müssen, genau wissen, worin die *konkrete Aufgabenstellung* besteht, oder gibt es Ermessensspielräume?

Wenn ja, bestehen Sie auf einer genauen und detaillierten Ausführung dieser Ermessensspielräume. Diese könnten durch den Auftraggeber sonst zu Ihren Ungunsten ausgelegt werden.

▶ Enthält der Vertrag einen *genauen* oder nur einen *ungefähren Zeitrahmen*, in dem Sie verpflichtet sind, eine Leistung zu erbringen? Im Zweifelsfall drängen Sie in Ihrem Sinne auf eine Festlegung. Eine zeitliche Befristung kann Sie zwar unter Druck setzen, beugt aber Konflikten vor, wenn Ihr Auftraggeber für sich gedanklich einen Rahmen fixiert, diesen aber nicht schriftlich niedergelegt hat – nach dem Motto: „Ich habe aber gedacht, dass Sie …"

▶ Achten Sie auch auf den *vereinbarten Budgetrahmen!* Aus konkreten Aufgabenstellungen ergeben sich oftmals *neue Aufgaben*, die es zu bearbeiten gilt. In einem Vertragsabschluss sollte daher geklärt werden, wie Sie mit neuen zu bearbeitenden Problematiken und einer Überschreitung des Budgetrahmens umgehen sollten. Geld ist immer ein heikles Thema, und je mehr Klarheit Sie in Bezug darauf schaffen, desto weniger Probleme werden Sie im Nachhinein bekommen.

▶ Geklärt werden sollte im Einzelfall auch der *konkrete Einsatzort* Ihrer Person beziehungsweise der Ihrer Mitarbeiter. Für den Kunden kann es zum Beispiel aufgrund der Ersparnis des Fahrtweges kostengünstiger sein (vorausgesetzt dies ist machbar), wenn Sie die Leistung nicht beim Kunden, sondern in Ihren Räumlichkeiten erbringen.

» Sollte der Auftrag aufgrund seiner Komplexität mehrere Arbeitsschritte sequenziell oder auch parallel beinhalten, definieren Sie auch für die einzelnen Schritte einen *Zeitrahmen* für den Auftraggeber. Das gibt ihm Sicherheit und macht die Erfüllung transparenter.

» Klären Sie die *Zahlungsmodalitäten* genau (siehe auch Kapitel IV/61: „Zahlungsunfähigkeit und -unwilligkeit von Kunden"), vor allem, wenn dem Kunden ein entsprechender Ruf anhaftet.

3. Wichtig!

Je klarer Verträge formuliert sind und je mehr Sie für einen guten Kommunikationsfluss sorgen, desto geringer ist die Wahrscheinlichkeit, dass es während beziehungsweise nach der Leistungserbringung zu Konflikten zwischen Auftraggeber und Auftragnehmer kommt. Das wird mit Sicherheit positive Auswirkungen auf Folgeaufträge haben.

54   Gutes Benehmen – Sie haben Vorbildfunktion!

Sie haben als Firmeninhaber bestimmt schon selbst bei einem Einkauf folgende Erfahrungen gemacht:

» Sie müssen sich als Kunde fast entschuldigen, weil Sie eine Frage zu einem Angebot haben – nach dem Motto: *„Hilfe! – Kunde droht mit Auftrag."*

» Sie werden als Kunde gar nicht wahrgenommen, entweder weil es gar kein Personal gibt oder weil man aus welchen Gründen auch immer an Ihnen nicht interessiert ist: *„Für den Kauf einer Designeruhr machen Sie einen zu desolaten Eindruck und mit Kleinkram will man sich mit Ihnen nicht abgeben."*

» Sie werden unhöflich bedient, *„weil jedes weitere Gespräch mit Aufwand und einer besonderen Problemlösungsleistung für das Personal verbunden ist und der Verkäufer außerdem keinen Spaß dabei empfindet, Sie zu bedienen".*

Die Liste an schlechtem Benehmen, das Mitarbeiter vor allem im Kundenkontakt zeigen, lässt sich fast beliebig fortsetzen. Wir sprechen hier aber von der Visitenkarte eines Unternehmens: Der Eindruck, den Mitarbeiter in Verkaufsgesprächen hinterlassen, hat Auswirkungen darauf, ob es zu einer längerfristigen Kundenbindung oder zur Gewinnung von Neukunden kommt.

Käufer nehmen sogenannte unangenehme Situationen meistens erst einmal hin, weil es für das befremdliche Verhalten des Personals möglicherweise einen Grund gibt. Entwickelt sich dies jedoch zum Dauerzustand und der Kunde merkt, dass immer in einer bestimmten Art und Weise mit ihm umgegangen wird, wird er dieses Unternehmen zukünftig meiden. Die einzige Ausnahme bildet die Gruppe der preissensiblen Kunden, die wenig Wert auf den Service eines Unternehmens legen und für die der Preis von Produkten den einzigen Maßstab für einen Kauf darstellt.

Als Unternehmer sind Sie daher aufgerufen, das Benehmen Ihrer Mitarbeiter in Bezug auf die Kunden, die Kollegen und Ihnen als Arbeitgeber zu beobachten, anzusprechen und gegebenenfalls zu korrigieren. Damit dieser Prozess erfolgreich verlaufen kann und Mitarbeiter sich adäquate Umgangsformen aneignen, sind sie auch auf Sie als ihr Vorbild angewiesen. Auch von Ihnen wird ein bestimmter „Benimm" erwartet.

Meine Empfehlung

Beobachten Sie sich selbst im Hinblick auf Ihre Umgangsformen und deren Wirkung und beginnen Sie, sie bewusst einzusetzen. Möglicherweise ist Ihnen noch nicht einmal aufgefallen, dass Sie sich selbst auch manchmal unhöflich Ihren Kunden gegenüber verhalten, ohne dies so wahrzunehmen. Aus Ihrer Sicht heraus waren Sie nur schweigsam. Fremd- und Selbstwahrnehmung divergieren sehr oft!

1. Psychologischer Background

Gutes Benehmen zu zeigen ist keine hohe Kunst, da es sich nicht um Verhaltensweisen handelt, die wir erst mühsam erlernen müssen oder die wir dazugewinnen, indem wir uns andere abgewöhnen. In der Regel bekommen wir im Verlauf unserer Sozialisation durch Elternhaus, Schule und anderes Umfeld ein Mindestmaß an Benehmen mit, indem wir von Vorbildern und Modellen lernen. Bleibt dies vor allem im Elternhaus aus, fällt es uns später schwerer, gutes Benehmen zu zeigen, weil wir es nicht gelernt haben. Wir glauben, dass dies nicht notwendig sei, sind uns nicht im Klaren darüber, dass unser Benehmen nicht so gut ist, wie wir meinen, oder wir haben uns bisher einfach keine Gedanken darüber gemacht. Haben wir jedoch die angenehmen Umgangsformen eines Gegenübers schätzen gelernt, fällt uns erst auf, dass wir uns selbst manches Mal wie ein „Holzklotz" verhalten.

2. Anleitung für die Praxis

Hier einige Vorschläge für gutes Benehmen, die Sie für sich und auch für Ihre Mitarbeiter „einführen" könnten:

- Begrüßen Sie Kunden mit ihrem Namen, sofern Sie Kenntnis davon haben, und bedanken Sie sich für den Einkauf bei ihnen. Zum Beispiel: „Es hat Spaß gemacht, Sie bedienen zu dürfen!" Vermitteln Sie dies auch Ihren Mitarbeitern.
- Seien Sie charmant und galant: Helfen Sie Ihren Kundinnen und Mitarbeiterinnen auch mal in den Mantel.
- Begleiten Sie Ihre Kunden bis zur Tür und öffnen Sie diese für sie.
- Entschuldigen Sie sich bei Kunden für eine längere Wartezeit, wobei Sie diese jedoch grundsätzlich vermeiden sollten.
- Wenn Sie bemerken, dass momentan kein Personal zur Verfügung steht, packen Sie auch selbst mit an.
- Halten Sie Telefonkontakte zu Ihren Kunden, wenn Sie dies vereinbart haben.
- Bieten Sie Sitzgelegenheit und Getränke für den Fall einer Wartezeit oder einer längeren Beratung an.
- Senden Sie wichtigen Kunden Grußkarten anlässlich hoher Feiertage oder bestimmter Anlässe.
- Gratulieren Sie Ihren Mitarbeitern zum Geburtstag, sei es durch einen Kartengruß oder personliche Glückwünsche.
- Bei Neueinstellungen und Verabschiedungen sind Blumen angebracht.
- Laden Sie Mitarbeiterinnen während der Babypause zu internen Betriebsfeiern ein. Sie sind immer noch Angestellte des Unternehmens.
- Seien Sie höflich und freundlich im Umgangston! Der Ton macht die Musik.

3. Formulierungshilfe für die Praxis

Kunden fühlen sich gut bedient, wenn ein Verkaufsvorgang in etwa folgendermaßen abläuft:

- Darf ich Sie bedienen oder wollen Sie vorerst einfach nur in Ruhe durchsehen, ob Sie etwas finden?
- Wenn Sie von mir bedient werden wollen, Sie finden mich …
- Darf ich Sie bitten, eine Minute zu warten, ich komme gleich zu Ihnen.
- Das steht Ihnen gut. Aber vielleicht probieren Sie …, ich könnte mir vorstellen, dass das noch besser zu Ihnen passt.
- Der Kollege wird gleich auf Sie zukommen.
- Darf ich Ihnen in der Zwischenzeit etwas zu trinken anbieten?
- Möchten Sie in der Zwischenzeit hier Platz nehmen? Sie kommen gleich dran.
- Es hat mir Freude gemacht, Ihnen unsere neue Kollektion zeigen zu dürfen.

4. Wichtig!

Gutes Benehmen stellt einen Rahmen für ein Umfeld dar, in dem Menschen sich wohlfühlen können. Und dies ist fast eine Garantie, dass sie wieder Ihre Dienste in Anspruch nehmen oder als Mitarbeiter gern für Sie arbeiten.

55 Kongruente Kommunikation – Sie kommunizieren auch auf der Beziehungsebene!

Sicher kennen Sie aus Ihrem beruflichen Alltag Situationen, in denen Sie sich als freundlich, höflich, dem Gegenüber zugewandt, aber „hart in der Sache" erlebt haben. Und zu Ihrer Überraschung hat Ihr Gesprächspartner mit einem „komischen" Unterton geantwortet, sich in der Wortwahl vergriffen und uneinsichtig reagiert, obwohl eigentlich alles abgesprochen und die Situation geklärt zu sein schien. Sie reagieren mit Unverständnis, denn Ihnen ist nicht klar, warum Ihr Gegenüber für Sie nicht nachvollziehbare Verhaltensweisen an den Tag legt.

Was ist hier passiert? Kommunikation bedeutet mehr als nur ein verbaler Austausch auf der Sachebene zwischen zwei oder mehreren Personen. Besonders im Konfliktfall wird deutlich, dass Kommunikation auch eine Aussage über die zwischenmenschliche Beziehungsebene trifft. Das heißt, durch die Art, wie Sie mit jemandem sprechen, wird klar, in welcher Beziehung Sie zu ihm stehen:

▸ *Sie sprechen mit einem bestimmten Mitarbeiter oder Kunden in der Regel wenig oder nicht!*
Was wollen Sie mit Schweigen erreichen?

▸ *Sie nehmen eine aggressive Körperhaltung ein.*
Wollen Sie eine Kampfansage machen?

▸ *Sie halten keinen direkten Blickkontakt und schauen immer wieder aus dem Fenster.*
Warum können Sie Ihrem Gegenüber nicht in die Augen blicken?

▸ *Sie vermeiden jede räumliche Nähe oder werden im Gegenteil distanzlos und drängen sich dem Kunden auf!*
Was wollen Sie mit so viel Nähe oder auch Distanz erreichen?

▸ *Sie fallen anderen ins Wort!*
Hat Ihr Gegenüber auch das Recht zu sprechen?

▸ *Anstatt sachlich zu bleiben, schlagen Sie einen emotionalen Ton an und Ihr Ärger wird offensichtlich.*
Was macht Sie so wütend?

» *Sie stülpen Ihre eigenen Defizite dem Gesprächspartner über, weil Sie selbst nicht in der Lage sind, mit Konflikten umzugehen.*
Wieso machen Sie Ihr Gegenüber für das verantwortlich, was Sie selbst nicht können?

Die Liste zeigt nur eine Auswahl und soll Ihnen einen kurzen Einblick geben, was Ihre Art, mit einer bestimmten Person zu kommunizieren, noch bedeuten kann. Die Reaktion auf Ihre Verhaltensweisen kann je nach Person unterschiedlich ausfallen. Bauen Sie sich vor einem eher schüchternen Kunden mit Ihrer gesamten Körpermasse auf, wird dieser zurückweichen und Ihnen Raum geben; ein dominanter Kunde hingegen kommt mit Ihnen in Konflikt, weil er sich wehren wird. Er wird genauso massiv auftreten wie Sie – und schon haben Sie eine gereizte Gesprächsatmosphäre hergestellt.

Gelungene Beratungsgespräche entstehen nicht nur durch Sachargumente und Ihre Fachkompetenz, sie sind das Ergebnis einer kongruenten Kommunikation!

Meine Empfehlung

Achten Sie besonders in Konfliktgesprächen und bei anderen wichtigen Gesprächen mit Kunden und Mitarbeitern auf Ihre Körpersprache, den Tonfall Ihrer Stimme und auf die Einhaltung von Kommunikationsregeln. Seien Sie echt in Ihren Aussagen, denn Ihre Körpersprache und Ihre Kommunikationsmuster könnten Sie verraten!

1. Psychologischer Background

Wir alle haben als Kinder gelernt, dass unsere Eltern in einer bestimmten Art und Weise mit uns kommunizieren. Vielleicht waren sie eher schweigsam, weil sie zu sehr mit sich selbst beschäftigt waren. Deswegen sind wir es auch heute nicht gewohnt zu kommunizieren, auch wir schweigen lieber. Sind wir als Kinder angesichts unserer dominanten Eltern gar nicht zu Wort gekommen, ziehen wir uns verbal zurück, wenn uns jemand dominant und laut gegenübertritt. In beiden angeführten Beispielen haben wir keine Kommunikation erlernt, die auf Geben und Nehmen beziehungsweise auf einem gleichwertigen verbalen Austausch basiert. Unsere erlernte Art der Kommunikation ist verzerrt und im Ungleichgewicht. Heute „reinszenieren"[28] wir diese Kommunikationsform im privaten und beruflichen Umfeld – mit dem Unterschied, dass wir jetzt erwachsen und daher in der Lage sind, unsere Kommunikation bis zu einem bestimmten Grad zu steuern.

2. Anleitung für die Praxis

Gewöhnen Sie sich an, bei jedem Gespräch, das Sie führen – unabhängig davon, ob mit Kunden oder Mitarbeitern, ob von kurzer oder langer Dauer, von Dringlichkeit oder relativer Belanglosigkeit –, ein paar wenige Regeln zu befolgen:

▸ Bereiten Sie ein angenehmes Gesprächsklima vor: durch das Angebot eines Getränkes, die Auswahl eines bestimmten Sitzplatzes, die Begrüßung durch Handschlag, die Nachfrage nach zu viel Hitze/Kälte im Raum ...

▸ Beginnen Sie jedes Gespräch mit Smalltalk, der Frage nach Befindlichkeit, nach dem Anfahrtsweg, nach dem Wetter ...!

▸ Formulieren Sie dann Ihr Anliegen klar oder laden Sie Ihr Gegenüber dazu ein, das Anliegen zu formulieren.

▸ Bauen Sie den Inhalt des Gesprächs auf Sachargumenten auf!

▸ Hören Sie zu und unterbrechen Sie nicht, wenn Ihr Gegenüber spricht.

▸ Sagen Sie nichts, was Sie nicht durchdacht haben!

▸ Bewahren Sie Ruhe bei Nachfragen und Gegenargumenten.

▸ Sprechen Sie in einem neutralen Ton und verfallen Sie nicht in die emotionale Stimmungslage Ihres Gegenübers.

▸ Fassen Sie das Gehörte für sich und Ihr Gegenüber zusammen.

▸ Bedanken Sie sich bei der Person für die Zeit, die sie sich genommen hat!

3. Wichtig!

An der Art und Weise, wie Sie mit jemandem kommunizieren, ist das Ausmaß Ihrer Wertschätzung und des Respekts erkennbar, das Sie ihm entgegenbringen.

56 Konkrete Zusagen – Versprechen Sie nichts, was Sie nicht halten können!

Sie haben Angst, Ihre Kunden zu verlieren, wenn Sie die vereinbarten Lieferzeiten nicht einhalten können. Trotzdem setzen Sie unrealistische Lieferzeiten fest und versuchen, das Unmögliche möglich zu machen. Sie glauben, dass Sie keine neuen Kunden dazugewinnen können, wenn Sie nicht schneller und effizienter arbeiten als Ihre Mitbewerber am Markt. Ihren leistungsfähigsten Mitarbeitern stellen Sie Karrieresprünge in Aussicht. Sie haben vor, dass Sie dies abhängig machen von dem Abschluss mit einem Großkunden. Dabei haben Sie aber ein Problem:

Sie geben Kunden und Mitarbeitern ein Versprechen, das Sie aufgrund des gegenwärtigen Wissensstandes mit hoher Wahrscheinlichkeit nicht einhalten können. Die Ursache liegt vielfach darin, dass Sie Angst davor haben, Mitarbeiter und Kunden mit Gegebenheiten zu konfrontieren, auf die Sie keinen Einfluss haben.

Solche inkongruenten Verhaltensweisen, das heißt die Unstimmigkeit zwischen konkreten Aussagen und darauf folgenden Handlungen, lösen bei Ihrem Gegenüber Enttäuschung, im Extremfall Aggression aus. Dabei ist die Intensität und Ausprägung der Gefühle davon abhängig, welche Bedeutung und welche Konsequenzen Ihre „Inkongruenz"[29] für den Kunden beziehungsweise den Mitarbeiter hat. Voreilige Versprechen in Bezug auf Lieferzeiten können drastische Auswirkungen auf die Finanzsituation Ihres Firmenkunden haben; ein versprochener Karrierensprung, der dann nicht erfolgt, wird Auswirkung auf die Motivation und damit auf den Leistungswillen Ihres Mitarbeiters haben. Nicht eingehaltene Versprechen können Sie zwar mit Sachargumenten zurechtrücken, zurück bleibt aber ein schaler Beigeschmack von Verunsicherung auf der emotionalen Ebene.

Respekt und Anerkennung sowohl bei Kunden als auch bei Mitarbeitern erarbeiten Sie sich vielmehr dann, wenn Sie unter schwierigen Rahmenbedingungen zu dem stehen, was Sache ist, indem Sie echtes und authentisches Verhalten zeigen. Das wird sich wiederum positiv auf den Unternehmensgewinn und damit auf Ihre persönliche Zufriedenheit auswirken. Ihr Bemühen und Ringen um eine gute Lösung muss für alle sichtbar werden.

Meine Empfehlung

Seien Sie ehrlich, überraschen Sie Ihre Kunden und Mitarbeiter lieber etwas später mit Erfolgsmeldungen, wenn sie sicher zu realisieren sind, und zeigen Sie sich kooperativ und lösungsorientiert. Ein „Scheinmanöver" Ihrerseits erlöst Sie zwar kurzfristig davon, sich der eigenen Angst vor den Folgen zu stellen und dem anderen die Wahrheit zu sagen, langfristig werden Sie jedoch in den meisten Fällen mit den Konsequenzen ohne Ihr Zutun konfrontiert.

1. Psychologischer Background

Obwohl man meinen könnte, dass Klarheit und Kongruenz bei schwierigen Themen noch verletzbarer und angreifbarer machen, passiert in der Realität genau das Gegenteil: Ehrlichkeit bewirkt beim Gesprächspartner, dass dieser unter „Zugzwang" gerät und sich veranlasst fühlt, ebenfalls mit Ehrlichkeit und Offenheit zu antworten, obwohl dies sonst vielleicht nicht zu seinen stärksten Charaktereigenschaften zählt. Was als Paradoxon in der Interaktion zwischen zwei Personen wirkt, hat damit zu tun, dass Menschen geneigt sind, ihr Innerstes nach außen zu kehren, wenn auch ihr Gegenüber sich vor ihnen „entblättert". Das befürchtete Bedrohungsszenario – von sich selbst etwas preiszugeben und vom anderen dadurch abgewertet zu werden – entfällt, wenn zwei Menschen einander ohne Maske freimütig und offen gegenübertreten.

2. Anleitung zur Selbstreflexion

Unterstützend für den genannten Prozess könnten Fragen sein wie:

▸▸ Wie sollte man in dieser Situation mit mir umgehen?

▸▸ Wann könnte ich, wäre ich an der Stelle von Mitarbeitern und Kunden, Zuspruch brauchen?

▸▸ Welche Lösung würde ich selbst vorschlagen, wenn ich mich in die Lage von Mitarbeitern und Kunden versetze?

3. Formulierungshilfe für die Praxis

In Bezug auf die erwähnten Beispiele könnten Sie folgende Formulierungen verwenden:

▸▸ Wir möchten uns für die verspätete Lieferung unserer Ware entschuldigen. Uns ist bewusst, dass wir Sie damit in eine unangenehme Situation gebracht haben. Wir werden daher zukünftig an der Vermeidung von Terminverschiebungen arbeiten beziehungsweise frühzeitig mit Ihnen ins Gespräch kommen, wenn sich unter bestimmten Bedingungen eine Einhaltung der Lieferzeiten nicht realisieren lässt. Wir hoffen jedoch auch weiterhin auf eine gute Geschäftsbeziehung …

4. Wichtig!

Mit derartigen Formulierungen weisen Sie konkret auf einen Ist-Zustand hin, der Ihnen unangenehm ist, versuchen jedoch, für die Zukunft eine Lösung zu finden, die beiden Parteien Hoffnung auf eine Veränderung der Situation machen soll. Sie bleiben damit authentisch, „sagen, was ist", und vermitteln dem Gegenüber eine gemeinsame Zukunftsperspektive, in der die Geschäftsbeziehung trotz einer prekären Ausgangssituation weiter bestehen bleiben wird. Die Chance, dass Ihnen Mitarbeiter und Kunden erhalten bleiben, steigt dadurch.

57 Adäquates Beschwerdemanagement – Lernen Sie aus Fehlern!

Kunden beschweren sich bei Ihnen über ein fehlerhaftes Produkt, über einen schlechten Service oder über das unfreundliche Verhalten eines Mitarbeiters. In der Regel werden Sie als Geschäftsführer oder Inhaber entweder direkt oder indirekt dafür verantwortlich gemacht (*Stellen Sie das ab. Das muss sich ändern. Dieses Verhalten lasse ich mir nicht bieten ...*). In einem Beschwerdeprozess, der von den Kunden in Gang gebracht wird, geraten Sie beziehungsweise Ihre Mitarbeiter früher oder später in eine Rechtfertigungsposition und beginnen sich zu verteidigen.

„Beliebte" Verteidigungsstrategien sind zum Beispiel:

▸ *Wir machen keine Fehler!*

Das entspricht de facto nicht der Realität und entsteht aus Angst vor möglichen Sanktionen (= Verleugnung).

▸ *Herr X ist schuld daran!*

Diese Strategie hat – wie die Verleugnungsstrategie – ihren Ursprung in Angstgefühlen und gipfelt in der Suche nach einem Schuldigen, um von sich abzulenken (= Suche nach Sündenböcken).

▸ *Wir können daran nichts ändern!*

Hierbei handelt es sich um die Beschreibung eines Gefühls der Hoffnungslosigkeit und des Ausgeliefertseins, da keine Problemlösungsstrategien entwickelt wurden (= Ohnmacht).

Strategien dieser Art tragen auf der faktischen Ebene jedoch nicht zu einer Lösung des Problems bei und bewirken beim jeweiligen Gegenüber Unverständnis, das Gefühl des Nicht-ernst-genommen-Werdens und ein bestimmtes Maß an Frustration. Kommt es in einem Beschwerdeprozess für die beteiligten Personen nicht zu einer befriedigenden Übereinkunft, weil an den gewohnten Verteidigungsstrategien festgehalten wird, ist eine Abwendung von Ihrem Unternehmen und Ihrer Person die Folge. Um Ihre Kunden zu behalten, erweist es sich daher als sinnvoller, Beschwerden ernst zu nehmen und aus den begangenen Fehlern zu lernen.

Meine Empfehlung

Eine Weiterentwicklung von Produkten, Prozessen, Strukturen und so weiter passiert nur durch permanentes Lernen. Lernen Sie durch Neugierde, Versuch und Irrtum und durch das Begehen von Fehlern. Akzeptieren Sie, dass bestimmte Lernerfahrungen nur durch Fehler gemacht werden können und somit eine notwendige Voraussetzung für Wachstum und Entwicklung darstellen.

1. Psychologischer Background

Unternehmenskulturen sind geprägt von der Sozialisation der Mitglieder des Unternehmens und der gesellschaftlichen Kultur, in der sie eingebettet sind. Besonders in westlichen Kulturen herrscht eine Tradition, die geprägt ist von der Frage nach Schuld und Tadel. Als Kinder lernen wir sehr schnell, was wir machen dürfen und was nicht und welche Verhaltensweisen welche Konsequenzen und Bestrafungen nach sich ziehen. Als Erwachsene wissen wir, dass es Situationen gibt, die es um jeden Preis zu vermeiden gilt, weil wir – ohne kriminell geworden zu sein – mit Bestrafungen zu rechnen haben. Also gilt es, Fehler zu vermeiden, diese zu verleugnen, Schuld bei anderen zu suchen oder uns auch „dumm" zu stellen. Die Angst vor Sanktionen ist der Motor dafür (siehe auch Kapitel I/12: „Qualität von Produkten, Strukturen und Prozessen").

2. Anleitung für die Praxis

Ich gebe Ihnen an dieser Stelle ein paar Anregungen, die Sie in Bezug auf adäquates Beschwerdemanagement beachten sollten:

▶ Bitten Sie Ihre Kunden entweder mündlich oder schriftlich in Form eines Fragebogens um eine Rückmeldung in Bezug auf Kritik und Lob.

▶ Nutzen Sie Mitarbeitergespräche auch dazu, eine Rückmeldung in Bezug auf Beschwerden zu erhalten.

▶ Bearbeiten Sie Beschwerden sofort, wenn sie unmittelbar, direkt und auf einen konkreten Anlass bezogen an Sie herangetragen werden – wenn möglich zusammen mit den Betroffenen.

▶ Setzen Sie die eingeleiteten Maßnahmen konsequent um, damit eine Verbesserung des angemahnten Zustandes erkennbar wird. Ansonsten ist Beschwerdemanagement sinnlos.

3. Anleitung zur Selbstreflexion

Ein adäquater Umgang mit Beschwerden setzt allerdings voraus, dass Sie selbst und Ihre Mitarbeiter eine Haltung einnehmen, die es erlaubt, Fehler zu machen. Hilfreich dabei könnte sein, dass Sie Bilder oder Sätze für sich entwickeln, die das Positive am Fehlermachen aufzeigen. Unterstützend könnten folgende Fragen sein:

▶ Was wäre in Ihrem Unternehmen anders, wenn Sie sich selbst und Ihren Mitarbeitern erlaubten, Fehler zu machen?

▶ Welche besonderen Konsequenzen hätte dies für die Fertigung/Ausführung Ihres Produkts/Ihrer Dienstleistung und damit für Ihre Kunden?

➤ Was würden Sie von sich selbst denken, wenn Sie sich plötzlich zugestehen könnten, dass auch Sie Fehler machen und dass dies nicht den Weltuntergang bedeutet?

➤ Was brauchen Sie, damit Sie sich selbst die Erlaubnis geben könnten, Fehler einzugestehen?

➤ Von wem würden Sie die meiste Anerkennung im Unternehmen bekommen, wenn Sie andere merken lassen, dass auch Sie Fehlentscheidungen treffen?

➤ Was passiert in Ihrer schlimmsten Vorstellung, wenn Sie bei einem Fehler ertappt werden? Machen Sie jetzt einen gedanklichen Stopp und überprüfen Sie diese Horrorvorstellung auf ihren Realitätsgehalt!

➤ Suchen Sie nach einem *Satz* oder einem *Bild*, das Sie trägt, zum Beispiel: *„In meiner Kindheit bin ich ausgelacht worden für …, aber jetzt bin ich erwachsen und meine Mitarbeiter und Kunden sind nicht meine Eltern! Was gestern für mich Realität war, gilt heute nicht mehr."*

4. Formulierungshilfe für die Praxis

Macht ein Kunde Sie darauf aufmerksam, dass er von einem Mitarbeiter unhöflich bedient wurde, könnten Sie das Gespräch folgendermaßen gestalten:

➤ Sie scheinen sehr verärgert zu sein, bitte beruhigen Sie sich doch zuerst einmal.

➤ Wenn Sie ein paar Minuten Zeit haben, darf ich Sie in mein Büro oder in eine andere ruhige Ecke bitten? Dort können Sie mir in Ruhe erzählen, was genau passiert ist!

➤ Was hat Sie denn am meisten verärgert?

➤ Wenn diese Situation so abgelaufen ist, wie Sie sie jetzt schildern, kann ich verstehen, dass Sie verärgert sind.

➤ Ich kann das leider nicht mehr ungeschehen machen, aber ich werde dem Mitarbeiter eine entsprechende Rückmeldung geben.

➤ Ich entschuldige mich bei Ihnen für das Geschehene und hoffe, dass dies einen Einzelfall darstellt.

➤ Selbstverständlich sind Sie als Kunde bei uns sehr gern gesehen.

5. Wichtig!

Das adäquate und zeitnahe Eingehen auf Beschwerden reduziert das vorhandene Aggressionspotenzial beim Kunden. Der Kunde macht die Erfahrung, dass er mit seinem Ärger ernst genommen wird und dass konkrete Handlungen folgen. Das stimmt ihn versöhnlicher und erhöht die Wahrscheinlichkeit, dass er als Kunde Ihr Unternehmen wieder betritt.

IV Das Resultat: (Finanzieller) Erfolg

Eigentlich ist diesem letzten Kapitel nichts mehr hinzuzufügen, da – wie bereits beschrieben – der unternehmerische Erfolg als Endpunkt der Wirkungskette (Selbst-)Führung – Mitarbeiterzufriedenheit – Kundenzufriedenheit gesehen werden kann. Nichtsdestotrotz gilt es aber auch hier, nicht abzuwarten, bis der Erfolg sich automatisch einstellt, sondern durch Eigeninitiative das gewünschte Resultat zu erzielen.

An dieser Stelle gilt es nun, Ihren eigenen Fallen auf die Spur zu kommen. Der Umgang mit Geld, unser Finanzgebaren oder auch wie wir mit Kreditgebern verhandeln, besitzt großen Einfluss auf das angestrebte Resultat. Selbst wenn Sie einen adäquaten Umgang mit Mitarbeitern pflegen und Sie jederzeit versuchen, auf Kundenwünsche einzugehen, kann Ihre Harmoniebedürftigkeit auch im Umgang mit „zahlungsmüden" Kunden zum Stolperstein werden. Beschäftigen Sie sich daher in erster Linie nicht damit, wie Sie Ihren Gewinn noch vergrößern können – auch wenn dies natürlich seine Berechtigung hat. Betreiben Sie Ursachenforschung im Hinblick darauf, was Sie bisher gehindert hat, mehr Geld einzunehmen.

Geld wird automatisch in Verbindung mit einem erfolgreichen Unternehmer gebracht. Erfolgreich zu sein ist aber auch eine rein subjektive Angelegenheit, die nicht nur monetär ihren Niederschlag findet, sondern immer im Zusammenhang mit eigenen Wertmaßstäben gesehen werden muss und Ausdruck eines sinnerfüllten Lebens ist.

Wo sehen Sie den Sinn in Ihrem unternehmerischen Tun?

58 Zum Wert eines Produktes/einer Dienstleistung – Auch Ihr Selbstwert bestimmt den Wert!

Sie haben als Eigentümer eines Unternehmens, ohne dass Sie viel dazu tun mussten, auf dem Höhepunkt des Gesundheits- und Wellnessbooms große Gewinne erzielt. Genau in diesem Augenblick eröffnet in derselben Stadt ein anderes Unternehmen mit derselben Konzeption, aber mit günstigeren Preisen. Ihre Kunden beginnen, zur Konkurrenz abzuwandern, und der Umsatz geht drastisch zurück.

In diesem Moment bieten Sie Ihren Kunden Ratenzahlungen an, denken über Sonderrabatte nach und beginnen, zumindest gedanklich, sich unter Ihrem Wert zu verkaufen, weil Sie Angst haben, Ihre Kunden zu verlieren beziehungsweise keine Neukunden mehr zu gewinnen. Indem Sie die Wertigkeit Ihres Produktes/Ihrer Dienstleistung infrage stellen, die in diesem Beispiel nur am Preis festgemacht wird, sinkt Ihr Selbstwertgefühl und das Ihrer Mitarbeiter. Die negativen Auswirkungen werden Sie in den folgenden Verkaufsgesprächen und Abschlüssen erfahren. Zweifeln Sie oder Ihr Personal am Wert einer erbrachten Leistung, überträgt sich das auf das Kaufverhalten der Kunden (siehe auch Kapitel I/22: „Umgang mit negativen Empfindungen"):

> *Wieso sollen Kunden zur Ansicht kommen, dass etwas,*
> *das Sie anbieten, einen Wert hätte, wenn Sie selbst*
> *und Ihre Mitarbeiter nicht davon überzeugt sind?*

Meine Empfehlung

Um solchen Übertragungen entgegenzuwirken, sollten Sie eine bestimmte Haltung zum Wert Ihres Angebotes einnehmen, vorausgesetzt, Sie sind in der Lage, den Preis Ihres Produktes/Ihrer Dienstleistung selbst zu bestimmen.

1. Psychologischer Background

▸▸ Das Erbringen einer Leistung oder die Fertigung eines Produktes muss für Sie einen bestimmten Wert darstellen, dessen Sie sich vor allem in Zeiten von Absatzschwierigkeiten bewusst sein sollten. Diese Wertigkeit wird auf einer faktischen Ebene durch eine bestimmte Summe Geld ausgedrückt und in der Regel von Angebot und Nachfrage bestimmt. Auf einer ganz persönlichen emotionalen Ebene hat die Dienstleistung/das Produkt für Sie einen emotional gefärbten Wert: Der Kunde hat den vorgegebenen Preis zu zahlen, weil Sie von der Qualität, Funktionalität, Genialität, dem Design … überzeugt sind! Schwindet der emotionale Wert dessen, was Sie anbieten, weil Kunden an Ihrem Produkt/Ihrer Dienstleistung zweifeln, hat das negative Konsequenzen auf den Unternehmensgewinn. Ursache dafür ist ein niedriges Selbstwertgefühl: Sie haben aufgehört, an sich selbst, Ihre Ideen, Ihre Innovationen, die Qualität Ihrer Leistung, Ihre Produktpalette und so weiter zu glauben.

▸▸ Durch dauerhafte Preisnachlässe, Rabattaktionen, Ratenzahlungen und Ähnliches drücken Sie den Wert Ihrer Leistung oder Ihres Produktes und beeinträchtigen so den Ruf Ihres Unternehmens! Es beginnt eine „Spirale nach unten". Aus psychologischer Sicht hat für Menschen nur das einen Wert, wofür man viel zu zahlen hat. Dauerhaft günstige Preise, die nach menschlichem Ermessen anfallende Kosten keinesfalls decken können, führen dazu, dass Ihre Kunden Ihr Produkt als billigen Ramsch einschätzen. Mit einer Ausnahme: Kunden, die sich nur am niedrigen Preis orientieren, werden davon unbeeindruckt bleiben. Im Gegenteil: Schnäppchenjäger fühlen sich angezogen! Preisnachlässe bedeuten daher möglicherweise kurzfristige Umsatzzuwächse, langfristig gesehen sind sie jedoch nicht das probate Mittel, um eine Marke nachhaltig zu etablieren.

▸▸ Geld zu verlangen und Profit zu machen ist nichts Anrüchiges oder gar etwas, wofür man sich schämen sollte. Vor allem Frauen in Führungspositionen leiden unter schlechtem Gewissen, weil sie befürchten, überteuert zu beraten beziehungsweise zu produzieren. Die Ursache dafür liegt auch hier in einem niedrigen Selbstwertgefühl!

2. Anleitung für die Praxis

▸▸ Wenn Sie von Ihrem Produkt/Ihrer Dienstleistung wirklich überzeugt sind, dann bleiben Sie das auch! Lassen Sie sich dieses Wissen weder von Kunden noch von Kollegen aus der Branche wegnehmen! Gehen Sie davon aus, dass nicht immer die Qualität einer Leistung anzuzweifeln ist, sondern gerade die Qualität bei der Konkurrenz Neid und Missgunst hervorruft oder abgewertet werden muss, weil die Leistung für manche Kunden unerschwinglich ist und man mit einer Abwertung besser leben kann, weil dies dazu dient, Sie zu verunsichern!

▸▸ Wenn Sie dazu neigen, sehr schnell an sich und Ihrer Produktpalette zu zweifeln, präparieren Sie sich für besondere „Aussagen" Ihrer Kunden – zum Beispiel: Bei der Firma X bekomme ich aber einen viel günstigeren Preis!

▸ Überlegen Sie im Voraus, wie die passende Antwort lauten könnte.

▸ Halten Sie die Luft an im Moment der Konfrontation mit solchen Kunden und machen Sie einen „Gedankenstopp"[30]! Lassen Sie bei sich keine Zweifel zu.

▸ Liefern Sie dem Gegenüber selbstbewusst die vorbereitete Antwort!

▸ Schwören Sie auch Ihre Mitarbeiter auf bestimmte Sätze ein! Wenn…, dann …

▸▸ Frauen rate ich, sich im Hinblick auf die Einstellung zum Wert einer Leistung an Männern zu orientieren. Männer haben oftmals eine sehr klare und selbstbewusste Einstellung zu ihrer Leistung und sind nicht so schnell mit Schuldgefühlen konfrontiert:

▸ Überlegen Sie als Frau, was ein männlicher Kollege oder Mitarbeiter denken oder tun würde, wenn Zweifel an seiner Leistung aufkommen.

▸ Es gibt keinen Grund, der Sie hindern könnte, ähnlich zu denken oder zu handeln, wenn es Ihnen und Ihrem Unternehmen dienlich ist.

59 Übernahme von finanzieller Verantwortung – Holen Sie Ihre Mitarbeiter ins Boot!

Sie bemerken, dass Ihre Mitarbeiter Einkäufe tätigen, die Ihren Etat etwas überschreiten. Sie entdecken, dass verschwenderisch mit Papier und Stiften umgegangen wird, Büroeinrichtungsgegenstände so lieblos behandelt werden, dass alle paar Jahre neue gekauft werden müssen, und permanent Reparaturen des Dienstwagens bezahlt werden müssen, weil irgendjemand eine Delle verursacht hat, dies aber nicht rechtzeitig gemeldet wurde, damit man den Schaden an die Versicherung hätte weiterleiten können. Die Liste von „eigenartigen" Verhaltensweisen ließe sich endlos fortführen.

Ihre Mitarbeiter sind sich offenbar nicht bewusst, dass sie durch solches Verhalten zur Zerstörung und vorzeitigen Entsorgung von Firmenbesitz beitragen. Ebenfalls erleidet das Unternehmen finanziellen Schaden, wenn bestehende Vergünstigungen permanent ausgedehnt werden (zum Beispiel Anschaffung von Vitamingetränken anstatt Wasser). Mitarbeiter übernehmen für das Unternehmen keine finanzielle Verantwortung, da sie sich nicht mit der Finanzsituation, dem Wirtschaftshaushalt, der Kostenstruktur und den damit verbundenen Sorgen und Ängsten identifizieren.

Es ist ja nicht ihr Unternehmen!

Diese Haltung zeigt eine hohe emotionale Distanz zu allem, was mit dem Unternehmenserfolg zu tun hat. Die Ausnahme bildet das eigene Gehalt, dessen Höhe und Regelmäßigkeit des Eingangs mit Akribie überwacht wird.

Die Ursache liegt darin, dass Entscheidungsträger oftmals versuchen, die Themen Geld, Gewinn, Umsatz, Bilanz etc. so weit wie möglich von Mitarbeitern fernzuhalten. Der Öffentlichkeit werden unverfängliche Zahlen geliefert (die Bilanzen „aufgepeppt") aus der Angst heraus, es könnten dadurch Ansprüche erwachsen, denen das Management nicht gerecht werden kann, nicht gerecht werden will. Man hat mehr Gewinn gemacht, als man zugeben will, oder eine drohende Zahlungsunfähigkeit soll so lange wie möglich geheim gehalten werden. Das Thema Geld wird tabuisiert.

Meine Empfehlung

Durch die Tabuisierung von Umsatz und Gewinn erziehen Sie Ihre Mitarbeiter zur Weigerung, Verantwortung für die Finanzsituation Ihres Unternehmens zu übernehmen. Identifikationsprozesse finden nicht statt, wodurch dem Unternehmen ein nicht bezifferbarer Schaden zugefügt wird. Betreiben Sie deshalb keine „Geheimniskrämerei" in Bezug auf Ihre wirtschaftliche Situation, zumal Mitarbeiter sowieso eine ungefähre Ahnung davon haben.

1. Psychologischer Background

Die Offenlegung von Betriebsfinanzen ist wie die Offenlegung des eigenen Gehalts hierzulande ein Tabu. Unsere Angst vor den Reaktionen und Gefühlen, die wir dadurch auslösen, lässt uns bei diesem Thema in Schweigen verharren. Die Ursache liegt vermutlich darin, dass derjenige, der Besitz und Geld hat, sich mit Gefühlen von Neid und Missgunst seiner Umgebung auseinandersetzen muss. Im Gegensatz zu anderen Gesellschaften, in denen man sich mit Menschen, die es (anscheinend) zu etwas gebracht haben, mitfreut und auch mitfeiert, löst dies hier Peinlichkeit und Scham aus, weil uns angesichts des Erfolges anderer unser eigenes Versagen vor Augen geführt wird. Lieber bekämpfen wir den Erfolgreichen, als uns den Gefühlen unseres Versagens zu stellen, die uns im Vergleich mit jenem als „kleine Nummer" erscheinen lassen. Das lenkt uns ab und verschafft bis zu einem gewissen Punkt Befriedigung. Werden wir jedoch am Kuchen beteiligt (zum Beispiel in Form einer Beteiligung am Unternehmensgewinn), stimmt uns dies versöhnlich.

2. Anleitung für die Praxis

Beachten Sie, dass bei einer genauen Offenlegung der Finanzsituation Ihres Unternehmens sehr wohl Forderungen (wenn auch möglicherweise diffus und daher unklar formuliert) an Sie herangetragen werden können. Dem können Sie entgegenwirken, indem Sie ein Gleichgewicht zwischen Geben und Nehmen in monetärer und emotionaler Hinsicht herstellen: Die Art, wie Sie Transparenz schaffen, hat einen großen Einfluss auf das Ergebnis, das Sie damit erzielen wollen. Ein Rundschreiben an alle Mitarbeiter, mehrmals jährlich, reicht nicht. Sie müssen davon ausgehen, dass nicht alle Ihre Mitarbeiter Bilanzen lesen können oder wissen, was es für eine Bedeutung für das Unternehmen hat, wenn Sie Kredite für notwendige Investitionen aufnehmen. Daher beachten Sie bitte:

▸▸ Quartalsabschlüsse/Jahresabschlüsse müssen für jedermann einsehbar sein. Selbst wenn Ihre Mitarbeiter nicht viel damit anfangen können, vermittelt dies Offenheit seitens des Unternehmens. Sie geben Ihren Mitarbeitern dadurch einen Vertrauensvorschuss und liefern ein genaues Bild der unternehmerischen Situation.

▸▸ Erklären Sie (oder damit beauftragte Personen) in einfachen und klaren Worten Ihren Mitarbeitern den Aussagegehalt Ihrer Bilanz. Damit binden Sie sie in die Haushaltslage des Unternehmens ein. Sie vermeiden dadurch auch größere Widerstände seitens der Mitarbeiter bei unliebsamen Entscheidungen, wie zum Beispiel Rationalisierungsmaßnahmen.

▸▸ Machen Sie Ihre Mitarbeiter in regelmäßigen Meetings oder Mitarbeiterversammlungen immer wieder darauf aufmerksam, welche Anschaffungen, Investitionen und Reparaturen zu tätigen sind und welche Kosten auf das Unternehmen zukommen. Mitarbeiter gewinnen dadurch ein Gefühl für den Wert von Firmenbesitz.

▸▸ Stellen Sie zudem klar, wie lange der Lebenszyklus von Gegenständen, zum Beispiel Dienstwagen, sein sollte, bis sie zur Gänze abgeschrieben sind. Mitarbeiter müssen Verantwortung übernehmen für die Haltbarkeit der Gegenstände.

▸▸ Schaffen Sie im Beisein von Mitarbeitern kontinuierlich die Verbindungen zwischen den Erträgen und den zu tätigenden Ausgaben. Machen Sie ihnen begreiflich, dass – wie auch im privaten Umfeld – nur das ausgegeben werden kann, was Sie einnehmen.

3. Wichtig!

Das erklärte Ziel der Einbindung der Mitarbeiter in die finanzielle Situation des Unternehmens muss eine Einstellungsänderung sein: Mit dem Geld der Firma soll so umgegangen werden wie mit dem eigenen.

60 Aufträge mit geringem Umsatzvolumen – Sie geben dem Kunden dadurch einen besonderen Stellenwert!

Sie denken, dass kleine Aufträge viel zu viel Aufwand bedeuten und der Umsatz kaum die Kosten deckt. Wenn Sie fair sind, geben Sie Ihren Kunden auch dementsprechende Rückmeldung. Ansonsten legen Sie den Auftrag vorerst zu den unerledigten Aufgaben und kümmern sich primär um das, wovon Sie überzeugt sind, dass es Ihnen Geld bringen wird. *„Es lohnt sich halt nicht"*, denken Sie! Ihr Kunde wartet zunächst ab, fragt nach einer Woche (oder gar Monaten) nach, was aus dem Auftrag geworden ist, um dann von Ihnen zu hören, es handle sich nur um Kleinkram, wofür der Aufwand zu groß sei, „die Maschine anzuwerfen". Der Kunde tritt frustriert den Rückzug an und begibt sich auf die mühevolle Suche nach einem Unternehmen, das sich seiner annimmt.

Viele Unternehmen denken nur in großen Schritten, in Schritten zum großen Geld und Erfolg. Und da man bekanntlich mit einer Anfertigung eines Türschildes nicht das große Geld machen kann, spart man sich die Mühe und nimmt in Kauf, dass man damit einen hohen Frustrationspegel beim Kunden erzeugt. Vergessen wird dabei aber, dass kleine, unscheinbare Aufträge bei zufriedenstellender Erfüllung große Projekte nach sich ziehen können oder dadurch Neukunden gewonnen werden können. Das Wichtigste ist Ihr Ruf, der Ihnen dann schon vorauseilt: *„Die machen scheinbar Unmögliches mög-*

lich." Der Kunde erfährt dadurch viel Respekt, weil er so bedient wird, als wäre er ein gewinnbringender Kunde. So arbeiten zum Beispiel Banken, die sich nur auf Privatkunden spezialisiert haben, nach diesem Prinzip und machen auch ohne große Rationalisierungsmaßnahmen Gewinne. Der Kunde wird das bewusst wahrnehmen und es für sich als positive Erfahrung verbuchen.

Meine Empfehlung

Sie können gerade dadurch erfolgreich sein, dass Sie auch kleine Aufträge annehmen. Nicht die Höhe des Auftragsvolumens ist für einen Unternehmenserfolg maßgeblich, sondern der Respekt, den Sie dem Kunden dadurch zollen. Sie stärken im oben beschriebenen Prozess den Selbstwert des Kunden, wodurch ein Rückkoppelungseffekt eintritt: Der Kunde bedankt sich bei Ihnen, indem er zum Stammkunden wird oder Sie weiterempfiehlt und Ihrem Unternehmen wiederum einen Wert beimisst. Der Wert Ihres Unternehmens wird so erhöht.

---

1. Psychologischer Background

Als Kinder lernen wir sehr schnell die Aufmerksamkeit unserer Eltern auf uns zu richten (und wir lassen uns dabei auch einiges einfallen), damit unsere Bedürfnisse gestillt werden. Denn noch sind wir angewiesen auf ein Gegenüber, das dies für uns tut. Im Erwachsenenalter haben wir einst erlernte Strategien beibehalten, um wahrgenommen zu werden. Solche, die zum Erfolg führen, aber auch solche, die uns weniger Erfolg bringen, weil wir zwar Aufmerksamkeit erregen, aber dies noch lange keine automatische Bedürfnisbefriedigung nach sich zieht. Wenn wir also täglich darum kämpfen müssen, etwas zu bekommen (und das betrifft die meisten von uns), fällt es uns besonders auf, wenn wir wegen scheinbarer Kleinigkeiten wahrgenommen werden und unsere Wünsche erfüllt werden. Wir schätzen, was wir so nicht kennengelernt haben!

2. Anleitung für die Praxis

Kundenwünsche wahrzunehmen und diese im Rahmen des Machbaren zu erfüllen ist letztendlich eine Frage der Haltung. Hier einige Gedankenanregungen dazu:

▶ Nicht Ihre Kunden sind dazu da, um Ihre Bedürfnisse nach einem Mehr an Profit, an Umsatz, an Status und Prestige zu decken. Sie sind als Unternehmer dazu da, die Bedürfnisse Ihrer Kunden zu erfüllen! Benutzen Sie Ihre Kunden nicht, denn es gibt keine Garantie auf ewigen Erfolg: Wenn die Kunden durchschauen, dass es nicht um sie, sondern nur um das Unternehmen geht, kann der Zauber schnell vorbei sein.

▸▸ Seien Sie jedoch vorsichtig, werden Sie nicht „everybody's darling"! Lassen Sie sich nicht ausnutzen und behalten Sie selbstverständlich „große Kundenwünsche" im Blick.

▸▸ Streben Sie nach einem Gleichgewicht zwischen Geben und Nehmen, zwischen Ihnen als Unternehmer und den Kunden, zwischen der Erfüllung des Unternehmenszweckes und der Erfüllung von Kundenwünschen! Stellen Sie Win-Win-Situationen her!

3. Wichtig!

Win-Win-Situationen scheinen auf den ersten Blick unmöglich. Bei näherer Betrachtung kann man jedoch feststellen, dass, sobald die Bedürfnisse einer Seite befriedigt werden, sich das auf die scheinbar „gegnerische Seite" überträgt. Die Bedürfnisbefriedigung des einen hat positive Folgewirkungen auf die Bedürfnisbefriedigung des anderen! So kann es zu einer wechselseitigen Erfüllung von Wünschen kommen.

61 Zahlungsunwilligkeit und -unfähigkeit von Kunden – Vertrauen Sie auf Ihr Bauchgefühl!

In Zeiten von Insolvenz und zweifelhafter Zahlungsmoral können Sie vor allem bei Neukunden böse Überraschungen erleben. Ihre Rechnung wird entweder gar nicht beglichen und Sie versuchen, sie nach zahlreichen Mahnungen einzuklagen, oder sie wurde so verspätet beglichen, dass Sie, um die Gehälter auszahlen zu können, einen Kredit aufnehmen mussten; ganz perfide Kunden versuchen, sich um die Bezahlung der Rechnung zu drücken, indem sie mangelnde Qualität beklagen und in die Verweigerung gehen. Die Rechnung wird so lange nicht bezahlt, bis es zur Reparatur oder zum Austausch eines fehlerhaften Teils kommt, worauf der Kunde wieder etwas zu bemängeln hat. Die Bezahlung wird verschleppt.

Was können Sie tun? Außer den bekannten Instrumentarien wie Vereinbarung von Ratenzahlung, Vorauskasse, korrekte Vertragsgestaltung, Bankgarantien und so weiter rate ich Ihnen das Zustandekommen eines Geschäftsabschlusses und die damit verbundenen Gefühle etwas näher zu beleuchten. Versuchen Sie, für sich exemplarisch folgende Fragen zu beantworten:

▸▸ Auf welcher Seite (Unternehmer oder Kunde) war das Bedürfnis nach einem Vertragsabschluss höher?

▸▸ Wie verliefen die Gespräche, bevor es zu einem Abschluss gekommen ist?

▸▸ Wie hat sich der Kunde bisher verhalten?

▸▸ Ist der Auftrag klar, präzise und – wenn möglich – schriftlich formuliert?

▸▸ Welche Zahlungsmodalitäten werden vereinbart? Achten Sie bei diesem Thema genau darauf, ob Sie ein ungutes Gefühl haben!

▸▸ Wie schätzen Sie nach der Phase des Erstkontaktes bis zur Vertragsunterzeichnung Ihren Kunden ein? Welches Bild haben Sie von diesem Menschen? Welche Gefühle löst er bei Ihnen aus? Gibt es im gesamten Prozess irgendetwas, das Ihnen eigenartig erscheint? Wenn ja, machen Sie hier einen gedanklichen Stopp und erforschen Sie bei sich selbst, was das sein könnte.

▸▸ Thematisieren Sie Ihre Gedanken beim Kunden und achten Sie auf dessen Reaktionen. Manche „Windeier", die krumme Geschäfte planen, machen einen Rückzieher, sobald sie merken, dass man sie enttarnt hat! Kunden mit einem ausgeprägt kriminellen Charakter jedoch werden auch noch ein Geschäft mit Ihnen machen wollen, wenn sie darauf angesprochen werden. Aussagen wie „Das ist mir ja noch nie passiert, dass mich jemand auf meine Zahlungsunfähigkeit angesprochen hat" sollten Sie vorsichtig werden lassen. Bleibt Ihr ungutes Gefühl in der Magengegend, bestehen Sie auf Vorauskasse.

Meine Empfehlung

Vertrauen Sie auf Ihr Bauchgefühl und die Alarmglocken im Hinterkopf. Machen Sie diese Gefühle transparent, selbst wenn Sie den Kunden verlieren. Vielleicht bewahrt Sie dies vor größerem Schaden.

1. Psychologischer Background

Menschen nehmen mit ihren Sinneskanälen auf einer unbewussten Ebene mehr wahr, als sie denken. Ein eigenartiger Blick, der Wechsel der Stimmlage, eine komische Geste, ein Wort, das im Kontext gesehen unangebracht ist, können für geschulte Personen durch bewusste Wahrnehmung des Gegenübers eine hohe Aussagekraft haben. Was einer verbergen möchte, kommt bei einer genauen Betrachtung dieses Menschen ans Tageslicht. Vieles wird uns im Nachhinein verständlich, wenn wir konkrete Situationen mit unseren Gefühlen in Verbindung bringen: Denn eigentlich haben wir es ja gewusst. Wir wollten nur nicht so genau hinsehen.

2. Anleitung für die Praxis

Was Sie hindert, genauer die Zahlungsmoral oder auch -fähigkeit eines Kunden zu hinterfragen, könnte Ihre Falle sein. Nicht die Tatsache, dass Sie es nicht wissen können, sondern dass Sie es nicht wissen wollen, könnte Ihr Problem darstellen! Deshalb achten Sie bitte auf folgende Signale:

» Widerstehen Sie vermuteten „Windeiern", selbst wenn Sie aufgrund der finanziellen Situation den Auftrag gern annehmen würden!

» Hören Sie sich in der Branche um. Zahlungsunwilligkeit und -unfähigkeit von Firmenkunden bleiben auf Dauer nicht verborgen.

» Fallen Sie nicht auf verbale Versprechen hinein. Manche Kunden sind bessere Verkäufer als Sie selbst!

» Jemanden auf seine Zahlungsmoral beziehungsweise Zahlungsfähigkeit anzusprechen hat nichts Anrüchiges. Es schützt Sie!

» Bleiben Sie klar und unmissverständlich in Ihren Forderungen. Ihr Kunde muss wissen, welche Konsequenzen unbezahlte Rechnungen für ihn haben.

» Stellen Sie Mahnungen immer schriftlich aus und setzen Sie Fristen.

» Hüten Sie sich davor, Ihrem Kunden gegenüber Mitleid zu zeigen. Er könnte dies emotional ausnutzen und einen weiteren Zahlungsaufschub bei Ihnen erreichen. Auch Ihr Unternehmen muss am Leben gehalten werden.

» Machen Sie keine Geschäfte mehr mit Kunden, mit denen Sie Schwierigkeiten in Bezug auf die Bezahlung von Rechnungen hatten. Manche Menschen ändern sich nie!

3. Formulierungshilfe für die Praxis

Einem Kunden zu erklären, dass man seine Zahlungsmoral oder auch Zahlungsfähigkeit anzweifelt, ist zugegebenermaßen eine diffizile Angelegenheit. Sie sollten sich daher einige Formulierungen überlegen, die Sie dann im Bedarfsfall auspacken:

» Auch ich habe Mitarbeiter, die ich bezahlen muss, und deshalb habe ich mich in Zeiten wie diesen entschlossen, auf Vorauskasse zu bestehen ...

» Ich möchte mit Ihnen gern über den Zahlungsmodus sprechen, da ich in unseren Gesprächen den Eindruck gewonnen habe, dass wir hier Ihre und unsere finanzielle Situation berücksichtigen sollten ...

4. Wichtig!

Vieles lässt sich durch eine bewusste Wahrnehmung verhindern. Jedoch gibt es keine Garantie für die Zahlungsfähigkeit und -willigkeit von Kunden. Kalkulieren Sie dieses Restrisiko ein!

62 Controllingsystem – Haben Sie wirklich einen Überblick über Ihre Zahlen?

Bisher haben Sie sich darauf verlassen, dass das Geschäft läuft und Sie Ihre Ausgaben und Einnahmen „Pi mal Daumen" gegenüberstellen können. Eine kleine Hochrechnung im Kopf hat bisher gereicht. Jetzt ist aber leider der Fall eingetreten, dass Sie ein halbes Jahr nach dem Jahresabschluss festgestellt haben, dass Sie eigentlich letztes Jahr schon nah an der Insolvenz „vorbeigeschlittert sind". Es ist Ihnen bewusst, dass die Zeit gekommen ist, ein Controllingsystem einzuführen, das Ihnen monatlich genau aufzeigen kann, welche Einnahmen Sie hatten und welche Ausgaben Sie getätigt haben.

Sie sind kein Einzelfall! Vor allem Kleinbetriebe „scheitern" an der Einführung einer dementsprechenden Software. Die Gründe:

▸ Die Einnahmen waren immer höher als die Ausgaben und daher bestand keine Notwendigkeit für ein Controlling. *(Man glaubt, einen Rechtsanspruch auf weitere gute Umsätze zu haben!)*

▸ Der Ein-Mann-Betrieb will sich mit einer „komplizierten" Materie wie einer computerunterstützten Bilanzierung nicht auseinandersetzen. *(Die Angst vor dem Versagen angesichts eines Excel-Programms steht im Vordergrund!)*

▸ Die genaue Kenntnis von Zahlen könnte so etwas wie Nervosität hervorrufen, der man am besten mit der Vogel-Strauß-Politik begegnet nach dem Motto: Es lässt sich leichter mit einer Ungewissheit leben als mit der Tatsache eines nahenden Bankrotts oder der Notwendigkeit drastischer Maßnahmen. *(Die Verdrängungsmechanismen haben bisher gut funktioniert!)*

▸ Der Wunsch nach Bequemlichkeit war bisher höher *(Der Leidensdruck ist nicht groß genug!)*

Meine Empfehlung

Eine genaue Kenntnis von Einnahmen und Ausgaben gibt Ihnen ein Gefühl der Sicherheit, wodurch Sie leichter Investitionen tätigen oder Personal einstellen. Das Gleiche gilt im Notfall auch für das Gegenteil. Sie erhalten mehr Flexibilität im unternehmerischen Handeln.

---

1. Psychologischer Background

In der Regel veranlassen uns Bequemlichkeiten aufgrund eines geringen Leidensdrucks oder auch Ängste dazu, die Grundpfeiler unternehmerischen Handelns wie die nachhaltige Verfolgung guter Controllingsysteme zu vernachlässigen. Wir Menschen machen es uns oftmals zu leicht, indem wir versuchen, unproblematische Situationen aus der Vergangenheit auf die Gegenwart und Zukunft zu übertragen. Wir ignorieren so lange wie möglich einen bereits vermuteten unangenehmen Zustand, weil jede Änderung unseres Verhaltens mit Energieaufwand verbunden wäre. Darüber hinaus wollen wir nicht so gern mit harten Realitäten konfrontiert werden. Die Unwissenheit ist leichter zu ertragen, weil wir Angst vor dem Schmerz und den Folgen haben. Auch hier gilt: Der Leidensdruck muss erst so stark ansteigen, dass uns die Lust am Leiden vergeht.

2. Anleitung für die Praxis

Beachten Sie bei der Bilanzerstellung vor allem den Zeitfaktor. Je schneller Sie Umsatzrückgänge erkennen, desto schneller können Sie Krisenmanagement betreiben:

▸▸ Eine Einnahmen- und Ausgabenaufstellung sollte daher monatlich und zeitnah erfolgen.

▸▸ Erstellen Sie die Jahresbilanz ebenfalls zeitnah. Der geringe zeitliche Abstand zwischen „gefühlten" umsatzschwachen Monaten und konkreten Zahlen lässt Sie schneller handeln.

▸▸ Nehmen Sie besonders die Personalkosten in den Fokus Ihrer Aufmerksamkeit. „Jonglieren" Sie mit dem Personal, sobald Sie erste Umsatzrückgänge bemerken (siehe auch Kapitel II/39: „Flexibler Personaleinsatz")!

▸▸ Wenn Sie Ihre Einnahmen für das Folgejahr budgetieren, nehmen Sie im Zweifelsfall das schlechteste Ergebnis der letzten Jahre an. Dementsprechend sollten Sie auch Ihre Investitionen, Personalkosten etc. planen. Im positiven Fall erarbeiten Sie Gewinne, im negativen Fall erleben Sie keine bösen Überraschungen!

▸▸ Denken und planen Sie langfristig: Wenn Sie in fünf Jahren eine neue Produktpalette einführen wollen, beginnen Sie heute mit Rücklagen, damit Sie in den Folgejahren die Kosten nicht erdrücken!

3. Wichtig!

Wenn wir rechtzeitig darauf schauen, dass wir Geld haben, wenn wir es brauchen, gibt uns dies eine maximale Sicherheit. Gute Controllingsysteme wirken dabei unterstützend!

63 Rücklagen – Seien Sie sparsam auch in fetten Jahren!

Sie waren es lange gewohnt, gute Umsätze zu machen; die Gewinne dabei waren groß. Nur leider haben Sie diese nicht in Ihr Unternehmen zurückfließen lassen, sondern sie einer privaten Nutzung zugeführt. Oder umgekehrt: Sie haben Ihr „letztes Hemd" für Ihr Unternehmen gegeben und Ihr gesamtes Privatvermögen in Ihr Unternehmen investiert. In beiden Fällen ist nicht viel übrig geblieben. Ihre Firmenkonten sind leer, Sie sehen sich außerstande, notwendig gewordene Investitionen zu tätigen; übrig bleibt Ihnen der Gang zur Hausbank, den Sie scheuen, da Ihnen die Kreditrückzahlungen unter Umständen über den Kopf wachsen könnten.

Obwohl Ihnen bewusst war, dass auch in Ihrer Branche irgendwann eine wirtschaftliche Stagnation eintreten kann – erste Anzeichen dafür haben Sie schon lange gesehen –, haben Sie diese Gedanken wider besseres Wissen ignoriert. Was hat Sie aber davon abgehalten, Rücklagen zu bilden oder mit dem bereits erwirtschafteten Gewinn Investitionen zu tätigen?

» Unternehmen, die viele Jahre erfolgreich waren, haben große Schwierigkeiten, zu akzeptieren, dass die „fetten Jahre" vorbei sind und daher entsprechende Maßnahmen ergriffen werden müssen. Veränderungsprozesse können nur mit Mühe eingeleitet werden und haben oft nicht den Erfolg, den sie versprechen. Und da man an den ewigen Erfolg glaubt, braucht man auch nicht zu sparen.

» Narzisstisch geprägte Unternehmerpersönlichkeiten wiederum denken, sie hätten einen Rechtsanspruch auf Gewinn. Sie agieren weiter so wie bisher und glauben, ihnen würde bestimmt nichts passieren, weil sie von sich selbst und ihren Fähigkeiten (unrealistischerweise) mehr als überzeugt sind.

» Manche Unternehmer greifen schon in ihrer Fantasie zum Stellenabbau als Notmaßnahme (und weil es mittlerweile auch salonfähig geworden ist), ohne sich Gedanken darüber zu machen, mit welchen Strategien man wieder in die Gewinnzone kommen könnte.

» Droht der finanzielle Ruin, werden dann in letzter Sekunde gut gemeinte Sparprogramme gebastelt, die nicht den gewünschten Erfolg zeigen, weil die Entwicklung und Umsetzung dieser Programme viel Geld kostet und sie im Nachhinein mehr Geld verschlingen, als sie bringen sollten. Die Prioritäten werden oftmals aufgrund des hohen Zeitdrucks im Sinne eines schnellen Krisenmanagements falsch gesetzt. Der aufkommende Stress im Sanierungsfall führt oft zu falschen Entscheidungen.

Meine Empfehlung

Nutzen Sie wirtschaftlich ertragreiche Jahre, um Rücklagen zu bilden und zu investieren. Dies wird Ihnen Sicherheit geben! Kalkulieren Sie ein, dass Zeiten eines Konjunkturabschwungs und Flauten auch Sie treffen können. Für diese Zeiten sollten Sie gerüstet sein.

1. Psychologischer Background

Menschen neigen dazu, sich sehr schnell an einen subjektiv als angenehm empfundenen Zustand zu gewöhnen. Je länger dieses Wohlempfinden andauert, desto weniger können wir uns vorstellen, dass alles Gute auch einmal ein Ende haben kann. Aus einem Glücksfall – gepaart mit Einsatz – entsteht im Laufe der Jahre ein vermeintlicher Rechtsanspruch auf ewig andauerndes Glück, den es vorerst abzusichern gilt. Aber selbst diese Absicherung ist uns irgendwann zu mühsam, wenn weiter ein Goldregen über unser Haupt gegossen wird. So lassen wir die Geschäfte laufen, weil wir es bereits gewohnt sind, dass sie reibungslos funktionieren. Wir sind unvorsichtig geworden und leben nur im Heute, ohne daran zu denken, dass das Morgen bereits anders aussehen kann.

2. Anleitung zur Selbstreflexion

Um weniger der Versuchung zu erliegen, finanzielle Defizite durch Privatgeld auszugleichen, sondern im Gegenteil noch Rücklagen bilden zu können, trennen Sie Ihr Firmenvermögen und Ihr Privatvermögen strikt. Sie bekommen dadurch einen besseren Überblick über die Finanzsituation des Unternehmens. Unterstützend für die Bildung von Rücklagen könnten folgende Fragestellungen sein:

▸ Schätzen Sie sich auf einer Skala von 0 bis 10 ein (0 = nicht gefährdet, 10 = hochgradig gefährdet), wie gefährdet Sie sind, sich in guten Jahren kein Finanzpolster zuzulegen!

▸ Wenn Sie für sich aus Ihrer Erfahrung heraus eine Gefahr sehen, überlegen Sie, wie Sie es schaffen können, gerade in guten Zeiten sparsam zu sein.

▸ Wer aus Ihrem persönlichen und/oder beruflichen Umfeld könnte Sie dabei unterstützen?

▸ Welchen Prozentsatz Ihrer Einnahmen wollen Sie ansparen? Legen Sie diesen für einen längeren Zeitraum fest!

▸ Welche Monate oder Jahreszeiten stellen für Sie die beste Zeit zur Rücklagenbildung dar?

➡ Welche Tage im Monat bieten sich an? Monatsanfang – Monatsmitte – Monatsende?

➡ Suchen Sie für sich eine Anlageform, die Ihrer Persönlichkeit und Ihrer Unternehmensstruktur entspricht! Holen Sie deshalb Empfehlungen von Anlageberatern oder Banken ein.

3. Wichtig!

Wenn Sie es schaffen, eine inhaltliche und zeitliche Struktur (Wie viel Geld und wann?) im Hinblick auf Rücklagenbildung aufzubauen, haben Sie schon halb gewonnen. Denn Strukturen geben Halt!

64 Vertrauensvolle Kontakte zur Hausbank – Kommunizieren Sie mit Ihrer Bank!

Beispiel: Sie wundern sich über die anscheinend schwierige „Zusammenarbeit" mit Ihrer Hausbank: Eigentlich haben Sie ja nur einen kleinen Kredit beantragt, aber die Bank macht „Zicken". Obwohl man Sie dort kennt, da Sie vor Jahren eine größere Summe für Investitionen aufgenommen haben, ist von einem Vertrauensvorschuss nun nichts zu bemerken. Gut, Sie sind mit den Kreditrückzahlungsraten mehrmals etwas in Verzug geraten. (*Die wahren Gründe hierfür haben Sie der Bank nie bekannt gegeben, denn – so denken Sie – das geht die Bank ja nun wirklich nichts an.*) Aber bezahlt haben Sie immer. Nun haben Sie der Bank auch noch Zahlen vorgelegt, die anscheinend so nicht ganz verständlich sind. (*Für Sie auch nicht, aber es gibt Mitarbeiter im Unternehmen, die Ihnen versichert haben, dass alles seine Richtigkeit hätte – und so denken Sie, Ihre Fachleute werden schon wissen, was sie tun.*) Die Bedenken Ihrer Bank können Sie nun gar nicht nachvollziehen, deshalb schieben Sie Ihren Frust auf den zuständigen Berater, den Sie sowieso noch nie richtig leiden konnten.

Was ist passiert? Eine gelungene Kommunikation zwischen Banken und Unternehmer ist die Voraussetzung für vertrauensvolle Kontakte, die wiederum die Gewährung von Krediten und deren Konditionen maßgeblich beeinflussen! „Gelungen" bedeutet in diesem Kontext, dass es zu regelmäßigen Gesprächen zwischen Ihnen und der Bank kommt, um

➡ der Bank eine Rückmeldung über die derzeitige und die zu erwartende Finanzlage zu geben,

➡ Pläne und Visionen nachvollziehbar und erklärbar zu machen,

➡ allgemeine Informationen über Ihr Unternehmen zu vermitteln,

➡ zweckdienliche Unterlagen präzise, klar und nachvollziehbar aufbereitet vorzulegen.

Undurchsichtige Unterlagen und Rückstände in den Kreditrückzahlungen wie in dem oben genannten Beispiel schaffen keine vertrauensvolle Beziehung. Der Bankberater reagiert misstrauisch und stellt sich Fragen wie *„ Warum ist Unternehmer X nicht in der Lage, wie vereinbart zurückzuzahlen?"* oder *„Hat Unternehmer X seine Firma überhaupt im Griff, wenn er seine Zahlen nicht erklären kann?"*. Erlebt ein Unternehmen eine Krise, in der die Hausbank erster Ansprechpartner ist, so machen sich solche Kommunikationsprobleme auf der Beziehungsebene besonders negativ bemerkbar. Wird der Kontakt zur Bank erst gesucht, wenn es brennt, und Sie haben in der Zwischenzeit wenig zu einer offenen Kommunikation und zur Vertrauensbildung beigetragen, dürfen Sie sich nicht wundern, wenn man Ihnen ablehnend begegnet.

Meine Empfehlung

Pflegen Sie auch in guten Zeiten den offenen, ehrlichen und transparenten Austausch mit Ihrer Bank. Seien Sie gut vorbereitet und haben Sie keine Angst davor, Ihre Zahlen offenzulegen! Bedenken Sie, selbst wenn Sie sich in der Taktik des Verschleierns üben wollen: Aussagen von Mitarbeitern und Kollegen aus der Branche über die Situation Ihres Unternehmens haben die Bank längst erreicht! Ihnen eilt ein Ruf voraus. Die Bank weiß möglicherweise mehr über Ihre Finanzlage, als Sie glauben wollen!

---

1. Psychologischer Background

Geld zu verleihen und Geld zu leihen ist sowohl für den Kreditgeber als auch den Kreditnehmer eine Frage des Vertrauens – selbst wenn dies in einem professionellen Rahmen wie dem einer Bank nach bestimmten Kriterien folgt!

Aus der Sicht der Bank hat Geld zu verleihen – und vor allem es wieder zu bekommen – etwas damit zu tun, dass man es Ihnen auch zutraut, dass Sie es zurückzahlen werden. Sie müssen also in der Lage sein, das vorhandene Misstrauen, das möglicherweise entstanden ist, lange bevor Sie um einen Kredit ersucht haben, durch das Etikett Seriosität zu ersetzen. Seriös zu sein meint hier, dass Sie Transparenz und Offenheit herstellen in Bezug auf Ihre Finanzlage und sich als vertrauenswürdig erweisen, indem Sie dies durch eine offene Kommunikation immer wieder unter Beweis stellen!

Aber nicht nur Banken sind misstrauisch, auch Sie als Kreditnehmer haben Angst davor, sich der Bank näher anzuvertrauen. Es lauert zum Beispiel die Befürchtung in Ihrem Kopf, von der Bank in den finanziellen Würgegriff genommen zu werden, wenn die Kreditrückzahlung nicht mehr wie vereinbart geleistet werden kann. De facto kann das ja auch eintreten. In diesem Falle kommt es zu einer Projektion der Angst vor dem Existenzverlust auf die Bank, die eigentlich in keinen direkten Zusammenhang mit der wirtschaftlichen Situation eines Unternehmens gebracht werden kann. Nicht die Bank hat die Schuld an Ihrem finanziellen Desaster!

Sowohl Banken als auch Kreditnehmer sind oftmals voller Misstrauen und beeinflussen maßgeblich die Geschäftsbeziehung in negativer Weise.

2. Anleitung für die Praxis

Angst zu empfinden vor einem Gegenüber (der Bank in diesem Fall), das Ihre Existenz bedrohen kann, ist als logische Konsequenz aus dem Bedrohungsszenario zu sehen, das eintreten kann oder auch nicht! Sie können jedoch lernen, mit der Angst besser zu leben:

▶ Verschaffen Sie sich genaue Kenntnis in Bezug auf die finanziellen Folgen, zum Beispiel im Fall einer Insolvenz.
Das Wissen um die Dinge gibt manchen Menschen Halt!

▶ Pflegen Sie intensiven Kontakt und Austausch mit der Bank. Dies kann Ängste reduzieren, da Sie dadurch Informationen und Rückmeldungen aus der Sicht der Bank bekommen, die Sie sonst nicht hätten. Das kann Ihnen Sicherheit geben!

▶ Seien Sie sich bewusst, dass Sie als Person nicht aufhören zu existieren, selbst wenn Ihr Unternehmen in die Insolvenz rutschen sollte!

Schlusswort

Menschen sind unabhängig vom Kontext in ihren Emotionen verhaftet. In jede Situation bringen sie immer auch ihre eigene Lebensgeschichte ein, die das fachliche Thema mit gestaltet. Erst der reflexive Blick der Betroffenen (hier der Entscheidungsträger) bewahrt sie davor, in lieb gewonnenen und routinierten Verhaltensmustern zu verharren und sich dadurch selbst Stolpersteine in den Weg zu legen. Wenn wir es schaffen, uns selbst immer wieder im Spiegel zu betrachten, unser Tun zu hinterfragen, den kritischen Blick eines Gegenübers zu suchen und auch zuzulassen, entwickeln wir uns selbst und das System weiter, in dem wir uns befinden. Die Lust und die Neugierde an unserer eigenen Entwicklung – auch wenn sie manches Mal weh tut – und nicht die Angst und die Scham über das eigene (vermeintliche) Versagen sind es, die uns Erfolg versprechen.

Begriffserklärungen

1 Katharsis

Als Katharsis wird die körperliche, geistige und/oder religiöse Reinigung auf medizinischer und philosophischer Ebene verstanden. In den Anfängen der Psychoanalyse begriff man die Katharsis als Abreagieren krankheitsbedingter Ursachen. Menschliche Verhaltensweisen wie zum Beispiel der Akt des Weinens haben kathartischen Charakter, das heißt eine reinigende Wirkung, denn im Nachhinein geht es einem besser.

2 Empathie

Ist ein zentraler Begriff in der Psychologie, vor allem in der Gesprächspsychotherapie, der die Bereitschaft und Fähigkeit des Beraters beschreibt, sich in die Gedanken- und Gefühlswelt des Klienten hineinzuversetzen. Ziel ist, diesen in seiner Gesamtpersönlichkeit und seinen Verhaltensweisen zu verstehen, um durch einen wertschätzenden und anerkennenden Umgang eine vertrauensvolle und heilsame Beziehung zwischen Berater und Klient herzustellen.

3 Beißhemmung/Aggressionshemmung

Der Begriff beschreibt das genaue Gegenteil von aggressivem Verhalten. Nicht der Drang zum Angriff und zur Attacke, sondern eine Hemmung dieser Impulse bestimmt vordergründig menschliches Verhalten.

4 Self-fulfilling Prophecy

Zu Deutsch sich selbst erfüllende Prophezeiung genannt, bedeutet eine Vorhersage, die geradezu zwanghaft allein deswegen eintrifft, weil man fest an sie glaubt. Die Dinge erfüllen sich, weil man daran glaubt, dass sie sich erfüllen werden.

5 Double-bind theory

Der Begriff der Doppelbindungstheorie stammt aus der Erforschung von schizophrenen Erkrankungen und beschreibt eine lähmende, weil doppelte Bindung des Menschen an paradoxe Botschaften und Signale und deren Auswirkungen. Diese Botschaften enthalten einander widersprechende Handlungsaufforderungen auf den unterschiedlichen Ebenen der Kommunikation und können bei Extremausprägung zu krankhaften Störungen bei den Betroffenen führen. Denn diese erleben eine Doppelbindung an Personen als unauflösbar und können daher keine Distanz zu diesem „verrückten" Kommunikationsmuster einnehmen.

6 Verstrickung

Der Begriff wird vor allem im Zusammenhang mit der systemischen Familientherapie verwendet und beschreibt eine übermäßige und problembehaftete Gebundenheit von Familienmitgliedern an Angehörige des Systems Familie.

7 Worst Case

Der Ausdruck Worst Case bezeichnet den schlechtesten oder den ungünstigsten anzunehmenden Fall. Das Gegenteil von Worst Case ist der Best Case.

8 Narzissmus

Der Begriff beschreibt eine Charaktereigenschaft, die durch ein geringes Selbstwertgefühl bei gleichzeitig übertriebener Einschätzung der eigenen Wichtigkeit und den großen Wunsch nach Bewunderung gekennzeichnet ist.

9 Matrixorganisation

Man spricht hier von Doppel- oder Mehrfachspitzen in einem Unternehmen, in dem zwei oder mehrere leitende Mitarbeiter unterschiedlicher Abteilungen Verantwortung für einen Teilbereich des Unternehmens übernehmen.

10 Burn-out

Der Begriff Ausgebranntsein oder Burn-out-Syndrom bezeichnet eine besondere Form berufsbezogener chronischer Erschöpfung, die durch Frustration, Arbeitsüberlastung oder zu hohe Erwartungen an die eigene Leistungsfähigkeit zustande kommt.

11 Workaholic

Der Begriff steht für das Krankheitsbild eines arbeitssüchtigen Menschen. Er zeichnet sich durch einen überdurchschnittlichen Arbeitseinsatz aus, was irgendwann zu einem krankhaften Suchtverhalten führt. Im alltäglichen Sprachgebrauch wird das Wort auch für Menschen verwendet, die viel arbeiten, aber trotzdem noch kein Suchtverhalten aufweisen.

12 Schuld- und Tadelbindung

Die Begrifflichkeit entstammt der Systemischen Familientherapie, nach der Beziehungsmuster zwischen Menschen durch Schuldzuweisungen in Verbindung mit Austeilen von Tadel gestaltet sind.

13 Lethargie

Wird in der medizinischen Fachsprache als Bewusstseinsstörung bezeichnet, die mit Schläfrigkeit und erhöhter Reizschwelle einhergeht. Im übertragenen Sinn bezeichnet der Begriff eine Teilnahmslosigkeit und Unfähigkeit zu Veränderungen nach unangenehmen und/ oder tragischen Ereignissen.

14 Emotional Contagion Concept

Das Emotional Contagion Konzept geht von der grundlegenden Annahme aus, dass Personen sich gegenseitig psychisch anstecken können. Ähnlich wie in physischer Hinsicht bei einem grippalen Infekt können demnach Emotionen einer Person auf die andere Person übertragen werden.

Die Übertragung von emotionalen Stimmungen erfolgt durch Mimik und Gestik und läuft im Unterbewusstsein der beteiligten Personen ab. Dies bedeutet, dass weder Sender noch Empfänger die Ausstrahlung und Aufnahme von Emotionen steuern oder verhindern können.

[15] **Tunnelblick**

In Stresssituationen kommt es zu einer Fixierung der Wahrnehmung auf einen kleinen Ausschnitt der Wirklichkeit. Verschiedene alternative Handlungsansätze werden in solchen Situationen nicht mehr gesehen.

[16] **Instinktgesteuerte Reaktionen**

Darunter werden menschliche Verhaltensweisen verstanden, die allein unserem Instinkt folgend automatisch ablaufen und immer wiederkehrend dieselben Muster aufweisen.

[17] **Hyperaktivität**

Hyperaktivität wird als ein nicht hinreichend kontrollierbares überaktives Verhalten bezeichnet. Es manifestiert sich in der Regel in motorischer Unruhe und „überschießenden Reaktionen", die keinen Bezug zu den gestellten Anforderungen darstellen.

[18] **Kontrollwahn**

Der Begriff stammt ursprünglich aus der Sozialpsychiatrie und beschreibt ein stark pathologisches Verhalten, das auf eine permanente Kontrolle von Menschen, Situationen und so weiter ausgerichtet ist. Menschen mit Kontrollwahn sind nicht in der Lage, anders zu handeln, als es der Wahn (= ihre Eingebung) fordert. In wirtschaftlichen Bezügen wird dieser Begriff in abgemilderter Form verwendet und beschreibt Menschen, die versuchen, ihren Berufsalltag, ihre Mitarbeiter oder auch Arbeitsschritte kontinuierlich zu kontrollieren – mit dem Ziel der Absicherung ihrer Existenz, ihres Arbeitsplatzes, ihrer Macht und so weiter.

[19] **Paradoxon/Stressparadoxon**

Auch Paradoxie genannt: ist eine bisher nicht widerlegte Behauptung, die mit der gängigen Meinung nicht übereinstimmt, oder ein unfassbarer Gedanke, der nicht in das gewohnte Weltbild von Menschen passt. Einen bisher ungewohnten Umgang mit Stress durch eine Verkehrung von Verhaltensweisen in das genaue Gegenteil von dem, wie Menschen in dieser Situation reagieren, wird als Stressparadoxon bezeichnet.

[20] **Eustress/Disstress**

Stress entsteht, wenn auf innere oder äußere Reize eine Anpassungsleistung des Organismus erfolgen muss. Der Organismus teilt die wahrgenommenen Reize in positive und negative ein.

Negativ sind diejenigen Reize, die als unangenehm, bedrohlich oder überfordernd gewertet werden. Hier spricht man von Disstress. Auch positive

Reize, die plötzlich oder sehr massiv auftreten, können Stress hervorrufen. Dieser wird als Eustress bezeichnet.

21 Organisationsaufstellung

Der Begriff stammt aus der Systemischen Familientherapie: Positionen und Strukturen werden mit Personen aufgestellt, um ein System (in diesem Kontext das Unternehmen) und darin aufgetretene Konflikte sichtbar zu machen und einer Problemlösung zuzuführen.

22 Verleugnung

Bedeutet im psychoanalytischen Sinn ein Verdrängen nicht akzeptabler Impulse.

23 Frustrationstoleranz

Unter Frustration wird eine Wunschversagung verstanden, die durch Ohnmacht oder Nichterreichen eines Zieles entweder aufgrund von Selbstüberschätzung oder auch wegen äußerer Gründe entsteht. Vielfach folgt auf Gefühle der Frustration Aggression. Frustrationstoleranz beschreibt, inwieweit eine Person Frustration ertragen kann. Spricht man zum Beispiel von einer niedrigen Frustrationstoleranz, ist dieser Mensch nur schwer in der Lage, mit Frustration umzugehen.

24 Antriebsarmut

oder auch Antriebslosigkeit genannt, bezeichnet den Zustand einer Person, der von ihr selbst oder von ihrer Umgebung als Schwäche interpretiert wird: Diese Person ist nur schwer zu motivieren und kann sich für nichts begeistern.

25 Corporate Identity

Auch Unternehmensidentität genannt, worunter die Persönlichkeit beziehungsweise der Charakter eines Unternehmens verstanden wird, das mit quasi menschlichen Eigenschaften wahrgenommen wird. Das Konzept der CI beruht auf der Idee, dass Unternehmen ähnlich wie Persönlichkeiten handeln und deren Aufgabe daher auch darin besteht, durch bestimmte Strategien der Organisation eine Identität zu verschaffen.

26 Equitytheorie

Auch Gerechtigkeitstheorie genannt, unterstellt einen Zusammenhang zwischen Mitarbeitermotivation und der subjektiven Wahrnehmung, vom Arbeitgeber gerecht behandelt zu werden. Mitarbeiter sind an einer Balance interessiert zwischen dem Input, den sie an das Unternehmen geben, und dem Output, den sie vom Unternehmen erhalten.

27 Symmetrische Eskalation

Zwei Kommunikationspartner sind gleich stark und versuchen, den jeweils anderen auf der verbalen Ebene zu entmachten. Die Folge davon ist ein massiver Konflikt, der im Verlauf der Zeit eskaliert, da sich beide Kommunikationspartner hochschaukeln.

[28] Reinszenierung

Der Begriff beschreibt ursprünglich eine Wiederholung menschlicher Verhaltensweisen und innerer Bilder im psychotherapeutischen Prozess zwischen Therapeut und Klient. Im übertragenen Sinn versteht man darunter einen Automatismus in Bezug auf das Auftreten menschlicher Verhaltensmuster im privaten und beruflichen Beziehungsgeschehen.

[29] Inkongruenz

wird verstanden als das Gegenteil von Kongruenz und bedeutet „nicht übereinstimmend". Eine Person kommuniziert inkongruent, wenn zum Beispiel verbale Aussagen nicht mit Gesten, Mimik, Tonfall, Haltung und so weiter übereinstimmen. Der Sprecher wird als nicht authentisch erlebt, irgendetwas stört, irritiert und berührt unangenehm.

[30] Gedankenstopp

Der Gedankenstopp ist eine Technik, die meist in der Verhaltenstherapie angewendet wird. Der Patient wird angewiesen, sich den unerwünschten Gedanken bewusst vorzustellen. Unterbrochen wird der Gedankenfluss durch den lauten Zuruf des Therapeuten: „Stopp!". Dieser Einwurf sollte sehr unerwartet kommen und beim Patienten eine Schreckreaktion hervorrufen. Üblicherweise kann der Patient durch den Stopp die Gedanken nicht mehr weiterdenken. Der Lerneffekt sollte nun verinnerlicht werden.

Stichwortverzeichnis